Chemiepark

Themepark

Günter Lattermann

Chemiepark

Anekdoten, Geschichten und
Betrachtungen aus einem
Chemiker-(Er-)Leben

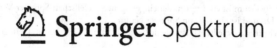

Günter Lattermann
Hochschule für Technik und
Wirtschaft HTW Berlin
Berlin, Deutschland

ISBN 978-3-662-62173-8   ISBN 978-3-662-62174-5   (eBook)
https://doi.org/10.1007/978-3-662-62174-5

Die Deutsche Nationalbibliothek verzeichnet diese Publikation in der Deutschen Nationalbibliografie; detaillierte bibliografische Daten sind im Internet über http:// dnb.d-nb.de abrufbar.

Einbandabbildung: © amixstudio/stock.adobe.com

Planung/Lektorat: Désirée Claus
Springer Spektrum ist ein Imprint der eingetragenen Gesellschaft Springer-Verlag GmbH, DE und ist ein Teil von Springer Nature.
Die Anschrift der Gesellschaft ist: Heidelberger Platz 3, 14197 Berlin, Germany

Zum Geleit

Die Anekdoten, bisher nicht (αν) preisgegeben (εκδοτος), jetzt sind sie also da. Sie charakterisieren eine ganz bestimmte Teilwelt, nämlich die des Chemiestudenten in den 1960er/1970er Jahren, exemplarisch die des Autors, seiner Herkunft, seiner breiten jugendlichen Interessen (Geschichte, Archäologie, Restaurierung von Antiquitäten) und seines Weges zur Chemie und in der Chemie, zunächst an der Universität in Mainz, dann an der Universität in Bayreuth. Es folgt die Zeit seiner wissenschaftlichen Aktivität in Bayreuth, seiner vielfältigen internationalen Kooperationen und seiner Besuche wissenschaftlicher Konferenzen. In all den Geschichten wird deutlich, wie sehr der Autor mit der Chemie emotional verbunden ist, ja sie „liebt". Aber, besonders in Teil II, zeigt sich ein zweites wesentliches Anliegen des Autors, angedeutet durch ein Kapitel über Multitalente; Chemiker sind oft nicht nur Chemiker, sondern gleichzeitig Musiker, Komponisten oder Schriftsteller, also in den beiden vermeintlich getrennten Kulturen Naturwissenschaften und Geisteswissenschaften ebenfalls zu Hause. Auch der Autor gehört zu dieser Gruppe der Chemiker; er ist Schriftsteller (manchmal auch Dichter), Psychologe (wenn er seine Erinnerungsleistung reflektiert) und Historiker (wenn er sich besonders der Geschichte der Kunststoffe oder besser der historischen polymeren Werkstoffe mit großen Emotionen widmet). Und es liegt ihm daran, das Image des Chemikers und – angesichts des Paradoxons, dass einerseits Plastikverpackungen unsere Weltmeere vermüllen und andererseits zahlreiche Innovationen erst durch moderne Hochleistungspolymere möglich sind – auch das Image der Chemie ins richtige Licht zu rücken.

Der „Chemiepark" ist ein weiter Bogenschlag von der amüsanten und menschlichen Seite der Chemie und der Chemiker bis hin zu den polymeren oder hochmolekularen Werkstoffen, die unser Zeitalter wesentlich bestimmen, und zwar sowohl im guten – Innovationen steuernd – als auch im schlechten – mangelnde Aufbereitung der Kunststoffabfälle – Sinne. Insofern wird es Chemiker zum Schmunzeln und Nachdenken bringen, Nichtchemikern aber einen neuen Blick auf die Chemie und Chemiker eröffnen.

Hartwig Höcker

Vorwort

Vor dem Zusammenfügen der verschiedenen Abschnitte aus meinem Chemiker-Leben, Chemiker-Erleben bzw. Chemie-Erleben soll zunächst das Bauprinzip kurz beleuchtet werden, über was, in welcher Form und weshalb berichtet wird.

Teil I

In Teil I reihen sich Anekdoten und Geschichten wie bunte Klinker in einer alten Hauswand vom Fundament bis zum Dach auf. Die Abfolge ist somit zeitlich geordnet.

Im Fundament und zwischen die Anekdoten und Geschichten sind einige Autorenbezogen-persönliche Abläufe oder Ereignisse wie Feldsteine eingemauert, als strukturelle Grundlage, zur spezifischen Markierung, in stützender Funktion, oder aber als erläuternde Ergänzung.

Sie sind über das gesamte Mauerwerk verteilt wie Netz-
punkte in einem Geflecht.

Anekdoten[1] erzählen von Persönlichkeiten, Geschichten
können auch von Sachen handeln. Seit den alten Griechen
wurden sie ursprünglich als Klatsch- und Tratsch-
geschichten über mehr oder weniger liebe Mitmenschen
mündlich weitergereicht.[2] Wenn das Erzählte genug
‚hergab‘, d. h. nicht nach und nach im Vergessen der
Belanglosigkeit landete, wurde es dann irgendwann einmal aufgeschrieben. Oftmals auch, um eben diesem Vergessen nicht ausgeliefert zu sein – eine sich selbst erfüllen
sollende Aktion. Diesem Prinzip liegt auch das hier
folgende Anekdotengebäude zugrunde.

Erwähnt werden Personen vorwiegend nur als
‚Anekdotenträger‘, die vielfach in den verschiedenen zeit-
lichen Abschnitten des ‚Bauwerks‘ auftauchen können.
Die erste Erwähnung ist im Text meistens mit einem
kurzen Datensatz als Fußnote verbunden und bei eigenem
Erleben jeweils fett geschrieben.

Ansonsten gilt nach Mark Twain: *„Für eine Anekdote*
[evtl. auch Geschichte] *braucht man drei Dinge: eine*
Pointe, einen Erzähler und Menschlichkeit“.[3]

Um das Erste und Dritte soll sich bemüht werden,
den zweiten Punkt muss folgerichtig der Autor selbst
übernehmen. Dadurch könnte allerdings der Eindruck
entstehen, die Anekdoten seien um seinen eigenen Werde-
gang herumgebaut. Letzterer ist allerdings doch sehr viel
umfangreicher und komplexer als hier manchmal schlag-
lichtartig beleuchtet. Es wurde beileibe nicht das gesamte

---

[1]Heinz Grothe, *Anekdote*, J. B. Metzlersche Verlagsbuchhandlung, Stuttgart 1971, S. 5 ff.

[2]*Anekdote*, URL: https://wortwuchs.net/anekdote

[3]Matthias Nöllke, *Anekdoten, Geschichten, Metaphern – für Führungskräfte*, Haufe Verlag, Freiburg etc. 2002, S. 22–29.

Mauerwerk beschrieben, sondern nur die markantesten Ziegelsteine hervorgehoben. Für ihre Auswahl und Lage ist, außer den Marc-Twainschen-Kriterien, zudem immer auch die zeitliche Situation mit den jeweiligen typischen Umständen bedeutsam.

Das Resultat ist in jedem Fall authentisch, nicht sonderlich geschönt, manchmal – analog dem *Irfan* Bild-bearbeitungsprogramm mittels *contrast,* bzw. *gamma correction* und wo angebracht in der Schärfe *(sharpen)* – ein wenig, jedoch immer sehr behutsam, nachjustiert, keinesfalls übertrieben oder gar verfälscht ('Anglerlatein'). Alles ist selbst erlebt und zwar so prägend, dass es – durch gelegentlich mündliches Erzählen – präsent blieb oder beim Niederschreiben wiederauftauchte, beziehungsweise durch gewisse Techniken (s. 'Klartraum', Teil II) präzise ausgegraben werden konnte.

Neben dem persönlich wahrgenommenen, mensch-lichen Funkeln in den Facetten manchmal eher nüchtern reflektierender, in verschiedenen Situationen jedoch bunt aufblitzender Daseinsformen von Chemikern, soll sich aber auch ein geschichtstypisches Bild der Einbettung in die jeweilige Zeit widerspiegeln. In diesem Sinne ist jeder 'Anekdotenträger' Zeitzeuge und wohlpositionierter Bau-stein der Konstruktion.

Bezüglich anderer Personen werden wirklich ernste, dramatische Vorkommnisse in den verschiedenen Abschnitten nicht berichtet. Natürlich hat alles mindestens zwei Seiten und nach Dürrenmatt sind *"das Tragische und das Komische [...] so hauchdünn getrennt, [...] nicht sachlich unterschieden, sondern rein im Bewußtsein, rein psychologisch"*.[4] Aber in der vorliegenden

---

[4]Manfred Eisenbeis, *Friedrich Dürrenmatt – Die Physiker*, 4. Auflage, Klett Lerntraining, Stuttgart 2016, S. 75

Sammlung soll die janusköpfige Verbindung von Komödie und Tragödie nur ganz selten durchscheinen.

Insgesamt entsteht somit keine bloße Anhäufung von allzu harmlosen Anekdoten und Geschichten (s. auch Teil II, Betrachtungen), sondern Stein für Stein ein sorgfältig errichtetes Gebäude – keine historio- oder gar hagiographische Hauptvilla mit ihren offiziellen, zumindest teilweise bekannten Räumlichkeiten und Möblierungen, sondern eher das rückwärtig im Park (‚Chemiepark') gelegene Gartenhaus, in dem neben Geschäftlichem häufig auch allerhand Angenehmes, Köstliches, Charaktervolles, Charakterisierendes und auch Nachdenkliches abläuft.

Teil II

Handelt es sich in Teil I um Anekdoten und Geschichten aus dem ‚Gartenhaus' meines Chemiker-(Er-)Lebens, so enthält Teil II Betrachtungen über die vermeintlichen 'Zwei Kulturen' von Geistes- und Naturwissenschaften, Imageprobleme von Chemie, Chemiker*innen und Kunststoffen/Plastik, deren mögliche Bewältigung (Rationalität und Emotion), die gegenwärtige Plastikverpackungsmüllproblematik und schließlich in diesem Zusammenhang auch über die Beschäftigung mit der Geschichte polymerer Materialien (Kunststoffgeschichte).

Diesen Teil kann man sich als eher nüchternen Zweckbau vorstellen, weniger in farbenfrohem Klinker als in einfachem, strukturiertem Fachwerk errichtet. Er stellt quasi ein funktionales Werkstatt- oder Ateliergebäude mit

Diskussionsräumen dar, das sich nicht weit entfernt auf demselben Gelände befindet.

Beide – Gartenhaus und Werkstattgebäude, zwischen denen wohlgemerkt eine vielfältig berankte Pergola als Verbindungsgang besteht – sind Bestandteile meines ge- und erlebten ‚Chemieparks‘.

Hinweise

Was immer tatsachengemäß über die 'Anekdotenträger' berichtet wird, geht nie über die Öffentlichkeits- oder Sozialsphäre hinaus. Der Privatbereich bleibt ausgeschlossen.

Fast stets ist das Erzählte in warmherziger, immer in freundlicher und respektvoller oder ehrender Weise gemeint und soll so aufgefasst werden.

Es können dabei meistens keine Wertungen der persönlichen, fachlichen oder gar chemiegeschichtlichen Stellung von Erwähnten oder Nichterwähnten abgeleitet werden. Das wäre nicht der Sinn des Erlebten und Erzählten.

Falls vorhandene chemische Fachausdrücke den Nicht-Chemiker zu überfordern drohen: Sie sind für den Gehalt bzw. Inhalt der Anekdoten und Geschichten in Teil I und der Betrachtungen in Teil II eigentlich nicht wichtig (oder sollten es wenigstens nicht sein).

Insgesamt sind bei allgemein personenbezogenen Hauptwörtern (z. B. ‚Student‘) selbstverständlich immer die genderneutralen, substantivierten Tätigkeiten (‚Studierende‘) oder die Bezeichnungen mit

Gendersternchen („Student*innen') gemeint,[5] aber nicht ausgeschrieben, da dies für die geschilderten Zeiten eher anachronistisch wäre.

Günter Lattermann

---

[5]Die Gleichstellungsbeauftragte der Universität zu Köln Anette Gäckle, *ÜberzeuGENDEReSprache – Leitfaden für eine Geschlechterspezifische und inklusive Sprache.* URL: https://www.tu-berlin.de/fileadmin/a70100710_gleichstellung/ Diversity_Allgemeines/KFG-Leitfaden_geschlechtersensible_Sprache.pdf

Danksagung

Mein herzlicher Dank gilt:

Hartwig Höcker für sein Geleitwort, seine wertvollen Hinweise und einige Erinnerungspräzisierungen.

Oskar Nuyken für seine hilfreichen Hinweise und Korrekturen.

Beate Manske[6] für ihr geduldiges Durchlesen des Manuskripts hinsichtlich seiner Wirkung auf Nicht-Naturwissenschaftler.

---

[6]**Beate Manske** M.A., Leiterin der Wilhelm-Wagenfeld-Stiftung, Bremen: 1993–2014.

Inhaltsverzeichnis

Teil I

Anekdoten, Geschichten

Einleitung

In der Einleitung beschreibt der Autor zwei frühe Erleb-
nisbereiche ab 1952, welche die Grundlage für seine
Interessen und schließlich auch das zweifache Fundament
dieses Buches bilden – Geschichte und Chemie. Zunächst
faszinierte die vergangene Welt vor allem der Römer am
Rhein, von denen sich Zeugnisse in den Sammlungen
des Römisch-Germanischen Zentralmuseums Mainz
befanden oder aber selbst ausgebuddelt wurden. Der Spaß
am Entdecken dehnte sich dann durch eigenes, manchmal
‚knalliges' Experimentieren in die Welt der Chemie
aus. Obwohl diese – genauer die Polymerchemie –
sich dann als berufliches Standbein entwickelte, tastete
das Spielbein des Autors weiterhin in verschiedenen
Ecken von Geschichte herum, bis schließlich schließlich
beide Gliedmaßen auf einer gemeinsamen Plattform –
Historische Polymere Materialien – zu stehen kamen.

G. Lattermann, *Chemiepark*,
https://doi.org/10.1007/978-3-662-62174-5_1

Frühgeschichte

Mein Elternhaus stand ab 1952 in Mainz, da war es für mich naheliegend, nach dem Abitur 1962 ein Studium an der Johannes-Gutenberg-Universität ins Auge zu fassen.

Doch welches?

Mit 11 Jahren – 1954 – wusste ich, dass ich entweder Archäologe oder Chemiker werden wollte.

Das hatte folgende Gründe.

Museum

Ab Frühjahr 1953 war ich Schüler des Gymnasiums am Kurfürstlichen Schloss in Mainz. Dieses lag (und liegt noch heute[1]) namensgerecht gegenüber diesem Gebäude, in dem sich unter anderem das renommierte Römisch-Germanische Zentralmuseum [1] befand.

Nach der Schule, besonders wenn wir nur fünf Stunden Unterricht hatten, fuhr ich oft – zum großen Leidwesen meiner Mutter – nicht direkt nach Hause, sondern ging mehrmals in der Woche ins gegenüberliegende Museum.

Die Funde aus alten Römer- und Germanenzeiten übten eine starke Anziehungskraft auf mich aus. Die seltsamen Vasen, Schalen, Waffen, Figuren und Reliefs aus den verschiedenen Zeiten faszinierten mich. Selbst die damals etwas verstaubten Vitrinen, die knarrenden Parkett-Fußböden und den ganz eigenen, irgendwie noch antiken Geruch kannte ich nicht von zu Hause.

Alles führte mich in eine andere Welt.

Einer der Wärter, der wohl bauchrednerische Fähigkeiten hatte, brachte mich öfter zum mystischen Schaudern, wenn er zwei Finger in die Lochaugen einer

---

[1]Staatl. Gymnasium am Kurfürstlichen Schloss in Mainz. URL: https://www.regionalgeschichte.net/rheinhessen/aktive-in-der-region/gymnasium-am-kurfuerstlichen-schloss-mainz/startseite.html

geschnitzten Schlange auf dem schwarzen Deckel eines frühgeschichtlichen Holzsarges legte und dann den Toten darin mit hohler Stimme zu mir sprechen ließ.

Nach einiger Zeit kannte ich alle Exponate und Wärter und diese kannten mich. Vermutlich trug ich damals zu einer beachtlichen Erhöhung der Besucherfrequenz des Hauses bei.

Im folgenden Jahr hatte ich meine zwei frühen Schlüsselerlebnisse.

Hobbygräber

In unserem Wohnviertel, ca. 600 m von meinem Elternhaus entfernt, wurden Gärten aufgelassen und später mit Privathäusern bebaut. Das Gebiet befindet sich hinter den heutigen Mainzer Unikliniken, die sich auf einem Teil des einstigen römischen Legionskastells erstrecken. Ich erkundete regelmäßig unser Viertel (damals erlaubten die Eltern solche Entfernung noch) und sah eines Tages, dass andere Jungs ca. 20 cm unter der Gartenkrume jede Menge Urnen, Vasen, Schalen etc. ausgruben: das Gartengelände lag auf dem römischen Lagerfriedhof. Bald war ich auch mit von der Partie und seit dieser Zeit ein enthusiastischer Hobbygräber (was damals noch eher möglich war als heute). Als sich die ‚Ausbeute‘ dort allmählich erschöpfte, besorgte ich mir über einen Grabungskollegen die einschlägige Literatur, um alles über die römische Zeit in Mainz, die Datierung der Funde und anhand von Grabungsberichten die sonstigen Fundstellen im Mainzer Stadtgebiet[2] und später auch darüber hinaus

---

[2] Z. B. die präzisen Fundberichte in der Mainzer Zeitschrift -Mittelrheinisches Jahrbuch für Archäologie, Kunst und Geschichte, Verlag Philipp von Zabern, Mainz.

in ganz Rheinhessen und im Rheingau zu lokalisieren und weiter tätig zu werden.

Die meisten meiner keramischen Fundobjekte waren zerbrochen und mussten zeitaufwändig zusammengesetzt, ergänzt und eventuell retuschiert werden, was ich ausgesprochen gerne tat.

All dies ließ in mir zunächst den Wunsch wachsen, Archäologe oder aber Restaurator für archäologisch-historisches Kulturgut zu werden.

Schülerchemie

Im selben Jahr schenkte mir ein Mitschüler aus einer Klasse über mir sein chemisches Schülerlabor in zwei Kisten. Seine Eltern wollten die Gefahr, die ihrer Meinung nach davon ausging, endgültig eindämmen.

Von da an packte mich nun zusätzlich noch die Chemie. Basis-Ausrüstung war der Experimentierkasten: *„Mein erstes Chemielabor – Einfache Experimente aus dem Alltag"*. Der Anleitungstext lautete:

> *„Chemie ist überall in unserem Alltag: Selbst wenn Sie Kalkflecken im Bad entfernen, wenden Sie chemische Erkenntnisse an. […] Mit wenig Zubehör und Mitteln, die auch in Ihrem Haushalt vorhanden sind, kann sich Ihr Kind als Chemiker ausprobieren. Mit Sachkunde und bewährter Erfahrung geleitet, kann es so tiefer in die Welt von Experimenten, Formeln und Reaktionsketten vordringen".*

Die Untersuchung von Salzkristallen, Schokolade, Essig oder Backpulver war zwar anfangs sehr interessant, kam dann aber bald an ihre Grenzen, sowohl meinerseits als auch vonseiten meiner Mutter. Sie leitete mich entgegen dem Text auf der Schachtel zwar nicht an, unterstützte aber im Prinzip meinen Forscherdrang – zunächst. Nach einiger Zeit wollte sie allerdings nicht mehr, dass ich die

Kalkflecken im Bad mit Säure entferne, dass ich Zubehör und Mittel, soweit sie sich in ihrem Haushalt fanden, als Chemiker ausprobierte und ihre Küche als Zentrallabor beanspruchte.

Also zog ich mich auf den Speicher zurück und beschäftigte mich dort z. B. mit der Auflösung von Watte aus unserem Badezimmer nach dem ‚Cuoxam'-Verfahren, um dann die Zellulose als Kunstseidefäden in einem Fällbad regenerativ wieder auszufällen. Die Herstellung meiner ‚Kupfer-Seide' nahm dabei solche Ausmaße an, dass auch hier meine Eltern nicht mehr länger bereit waren, derartige Mengen an Watte oder alten Baumwoll-Bettüchern als Rohstoff abzugeben.

Knallereien

Ich musste mir also etwas anderes einfallen lassen. Nachdem mir der Vorbesitzer der Chemiekästen ein wunderbares Heftchen über Sprengstoffe [2] nachlieferte, war ich – wenig verwunderlich – in meinem Lieblingsgebiet angekommen, allerdings nicht mehr unter dem elterlichen Dach. Meine roten, blauen und grünen bengalischen Feuer (die Zutaten tauschte ich mir in der Schule ein), führte ich auf der Straße vor unserem Hause vor, ebenso die Schwarzpulver-Mischungen. Vor allem an Silvester brannte ich reaktivere Gemische ab, bestehend aus Zucker und dem Unkrautvernichtungsmittel *UnkrautEx* (Natriumchlorat-haltig, damals noch leicht erhältlich). Fünf Häuser links und fünf rechts waren jedes Mal eingenebelt und im Asphalt fanden sich an jedem Neujahrsmorgen Löcher.

Mein Versuch, von einem brachliegenden Gelände aus eine mit dieser Mischung gefüllte Rakete aus zusammengelöteten Konservendosen zu starten, war nur geringer Erfolg beschieden. Sie hob zwar ein wenig ab, fiel dann

aber entlang der Lötnähte auseinander. Der enorme Feuer-
ball und die riesigen Rauchwolken am Raketenstartplatz
waren dennoch unübertroffen.

Immerhin, einen großen, aus Metall gefertigten
Düsenjäger, den ich von hinten mit der Chlorat-Zucker-
mischung vollgestopft hatte, brachte es nach Zündung auf
ca. 20 cm fauchende Rollfahrt, bevor er zu einem dicken
Klumpen zusammenschmolz.

Schießbaumwolle

Auf einem Familientreffen in der Pfalz zog ich mich mit
einem gleichaltrigen Cousin 2. Grades auf den Dachboden
einer hinter dem Wohnhaus gelegenen, alten Scheune
zurück. Wir kannten uns gut, hatten gleiche chemisch-
pyrotechnische Interessen (obwohl er später Mediziner
wurde). Wir wollten den langweiligen Familientag damit
verbringen, nach der Methode ‚Schießbaumwolle', Zündstreifen herzustellen. Er hatte alle Zutaten – Schwefelsäure,
Salpetersäure und einen Riesenstapel Löschpapier –
schon zusammengetragen. Wir nitrierten fachkundig
das Löschpapier, trockneten die Blätter sorgfältig an der
Luft, legten sie aufeinander und wollten danach mit dem
Zusammenrollen zu den gewünschten Zündstreifen
beginnen. Das alles hatte bisher eine gute Zeit gedauert, wir
störten die zahlreichen Mitglieder der Großfamilie nicht
und sie nicht uns. Am Ende räumten wir dann noch alles
sauber und ordentlich auf. Dabei passierte meinem Cousin
beim Hantieren, dass aus der Pipette, die für die vorherige
Herstellung der Nitriersäure noch eine geringe Menge
konzentrierte Schwefelsäure enthielt, zufällig aber zielgenau
ein Tropfen auf den Stapel der Cellulosenitrat-Löschblätter
fiel. Wer die Wirkung von konzentrierter Schwefelsäure
auf organisches Material kennt, weiß, dass sich dieses
sofort unter Schmurgeln und Heißwerden zersetzt. Unser
Schießbaumwolle-Löschpapierstapel reagierte da seiner

Natur gemäß viel heftiger und ging augenblicklich unter starker Rauchentwicklung in Flammen auf. Wir schafften es gerade noch mit mehreren großen Pferdedecken, die sich fanden, das Feuer zu ersticken, aber die gewaltigen Rauchschwaden waren schon durch die Dachluken der hölzernen Scheune nach vorne zur Großfamilie gedrungen. Spätestens da erinnerten sich die betreffenden Elternteile ihrer Aufsichtspflicht. Uns wurden dermaßen die Leviten gelesen, dass wir beide in der Folge, unserem *„Spaß am Entdecken"* (Titel eines neueren Chemie-Experimentierkastens) nicht mehr unbeaufsichtigt nachgehen durften. Und beaufsichtigt macht's ja dann auch keinen Spaß mehr....

Dennoch ließ mich die Chemie nicht los, dank auch eines Gymnasial-Lehrers, der mir die Begeisterung an diesem Pflichtfach (5 Jahre Unterricht ab der Obertertia, heute Jahrgang 9) erhielt und sogar vergrößerte. Beim Abitur war ich seit Langem der einzige gewesen, der Chemie als Leistungsfach gewählt hatte.

Studienwahl

Spätestens nach dem Abitur sollte ich mich zu meiner Berufswahl äußern. Nachdem auch die Neigung zur Chemie hinzugekommen war, hätte ich am liebsten so etwas wie Konservierungswissenschaft oder naturwissenschaftliche Methoden in der Archäologie gewählt. Aber das alles gab es damals noch nicht als Ausbildungsgang bzw. steckte selbst erst in den Anfängen.

Mein Vater sagte: *„Mein Sohn, studiere Chemie, da verdienst Du mal mehr als mit Archäologie".* Er hatte insofern unrecht, als ich später nie in die Industrie ging, sondern immer an der Universität blieb.

Ich versuchte es zunächst mit einem Doppelstudium, schrieb mich in Chemie ein und belegte zudem vier Semester Vorlesungen in Archäologie, Alter Geschichte,

Ägyptologie und antiker Numismatik. Als dann irgendwann Quellentexte in Latein zu bewältigen waren, gab ich mit meinem Kleinen Latinum auf. Das Große nachzuholen, erlaubten die tagesfüllenden Chemie-Praktika nicht mehr.

Jedoch bis noch kurz vor dem Hauptdiplom ging ich meiner ausgeprägten Leidenschaft, der Hobbygräberei nach und verlor auch später nie mein Interesse für Geschichte und Archäologie. Die Erzählungen und Anekdoten aus diesem Gebiet würden ein eigenes Bändchen füllen.

Kombination

Um 1993 begann ich schließlich beide Interessensgebiete – mittlerweile makromolekulare Chemie und Geschichte – privat zusammenzuwerfen und Objekte aus Historischen Polymeren Materialien (‚*Hipoms'*) zu sammeln, deren Geschichte zu ergründen bzw. zusammenzufassen, andere dafür zu begeistern, ein deutsches[3] und europäisches[4] Netzwerk mit Konferenzen und Projekten etc. aufzubauen und schließlich Vorlesungen in Berlin[5] und München[6] über historische polymere Materialien, ihre Grundlagen, Charakterisierung, Verarbeitung, die vergessenen Pioniere

---

[3]dgkg Deutsche Gesellschaft für Kunststoffgeschichte e. V., Gründung 2005.

[4]PHEA Plastics History European Association, Gründung 2018.

[5]Hochschule für Technik und Wirtschaft HTW Berlin, seit 2014 Vorlesung I: „Geschichte und Grundlagen polymerer Materialien", seit 2020 Vorlesung II,: „Kunststoffe – Einführung, Charakterisierung, Eigenschaften, Verarbeitung, Gestaltung und Umwelt".

[6]TU München, seit 2014 Seminar: „Historische polymere Materialien ‚*Hipoms'*".

des Kunststoffdesigns und ihre Rolle in Gesellschaft und Umwelt zu halten. Die Entwicklung dieses weiteren Gebietes würde sicher ein drittes Bändchen ergeben.

Nachfolgend konzentriere ich mich also voll und ganz auf ausgewählte Anekdoten und Geschichten aus meinem Chemie- bzw. Chemiker-Erleben/-Leben.

Literatur

1. Festschrift des Römisch-Germanischen Zentralmuseums in Mainz zur Feier seines hundertjährigen Bestehens 1953, Verlag des RGZM, Mainz 1953.
2. Walter Kwasnik, *Die Explosivstoffe*, Staufen Verlag, Köln 1942.

Mainz, 1962–1971

Aus der Zeit des Chemiestudiums in Mainz werden
Anekdoten berichtet, deren Träger dazu geeignete Hoch-
schullehrer wie z. B. F. Straßmann, der Praktikumsbetrieb
oder sonstige markante Ereignisse waren. Abgesehen von
der individuellen Einfärbung, sind diese Episoden immer
auch Zeugnisse der betreffenden Orte, Zeiten, Umstände
und Einstellungen.

Grundstudium Chemie, Mainz

Mikroanalytisches

Im Grundstudium, in den Praktika der anorganischen
Chemie hatten wir neben den üblichen sogenannten
‚Trennungsgängen' zur Bestimmung von Elementen und

© Der/die Herausgeber bzw. der/die Autor(en), exklusiv lizenziert
durch Springer-Verlag GmbH, DE, ein Teil von Springer Nature
2020
G. Lattermann, *Chemiepark*,
https://doi.org/10.1007/978-3-662-62174-5_2

Stoffgruppen auch solche zu bewältigen, die heute nicht mehr Allgemeingut sind.

So lernten wir zum Beispiel die Stoffbestimmung durch Beobachtung von Formen kristalliner Salze unter dem Mikroskop. Die Grundlage hierfür bildete das Standardwerk [1] von **Wilhelm Geilmann**.[1,2] Seine Arbeitsgruppe war zu dieser Zeit aber auch schon spezialisiert auf modernere Methoden der quantitativen Mikroanalyse. Einmal wurde uns berichtet, dass im Labor Bestimmungen geringster Spuren von Schwefel nie Samstagsnachmittags (man arbeitet damals auch noch an Wochenenden) durchgeführt wurden, da nachweislich immer die Gefahr von Verfälschungen aus Luftverunreinigungen durch den Genuss von traditionellem Bohneneintopf bestünde.

Berühmt wurde **W. Geilmann,** als er im Wiederaufnahmeverfahren des damals die Bundesrepublik erschütternden ‚Rohrbach-Mordfalles' als einer der neuen Gutachter auftrat und nachwies, dass in jeglicher Ofenasche das Element Thallium in derjenigen Menge vorhanden ist, die im Hauptverfahren ab 1957 als untrügliches Indiz dafür gesehen wurde, dass Maria Rohrbach ihren Mann mit thalliumhaltigem Rattengift umgebracht und den Kopf im heimischen Herd verbrannt habe. Nach Verurteilung zu lebenslangem Zuchthaus im Jahre 1958, wurde dann 1961 das Indizien-Urteil aufgrund der Geilmannschen Analysenwerte aufgehoben, Maria Rohrbach wegen Mangels an Beweisen freigesprochen und nach insgesamt 4 Jahren aus der Haft entlassen.

Wenn der zu dieser Zeit schon pensionierte ‚alte Geilmann', wie wir ihn nannten (das heute zugehörige Adjektiv war damals noch nicht so populär), immer ein-

---

[1]Prof. Dr. **Wilhelm Geilmann** (1891–1967). Prof. Univ. Mainz: ab 1950.

[2]URL: http://gutenberg-biographics.ub.uni-mainz.de/personen/register/eintrag/g/wilhelm-geilmann.html

mal wöchentlich das anorganische Grundpraktikum inspizierte, überkam uns jedes Mal das Gefühl einer gewissen Ehrfurcht, verbunden mit wohligem Gruseln.

Das Lötrohr

Praktikum

In einem weiteren Teil des anorganischen Praktikums wurden wir in die Geheimnisse der Lötrohrprobierkunst zur Untersuchung von Mineralien eingeweiht. Das Lötrohr besteht aus einem kleinen Metallröhrchen, dessen oberes, abgewinkeltes Ende in eine Düse mündet. Geblasen durch ein Mundstück, lässt sich durch einen Luftstrom aus der Düse die Mineralprobe auf einem Holzkohlenstück in verschiedenen Bereichen einer Bunsenbrennerflamme entweder reduzierend oder oxidierend erhitzen, schmelzen oder verdampfen und dabei auch noch die bisweilen charakteristische Färbung der Flamme beobachten.

Diese alte montanchemische Methode wurde schon ab 1738 entwickelt, [2] war mir aber 240 Jahre später immer noch sehr hilfreich. Die speziell zu erlernende Grundtechnik bestand im Erzeugen eines gleichmäßigen, stetigen Luftstroms aus dem Lötrohr dadurch, dass man mit aufgeblasenen Backen etwas Druck erzeugend, kontinuierlich Luft ausatmet. Der Luftvorrat im Mund wird dabei gleichzeitig und unabhängig durch direktes Einatmen über die Nase aufgefüllt. Luft aus der Lunge wird in diesen Primärkreislauf wenig einbezogen.

Anwendung

Diese erst nach sorgfältigem Üben zu beherrschende Kunst machte ich mir einmal im Jahre 1978 in Mainz-Kastel zunutze. Ich hatte einen schönen Abend mit leckerem

Essen und dem Genuss von allermindestens drei bis vier Gläsern Wein verbracht, musste aber anschließend noch auf die andere Rheinseite nach Mainz-Mombach mit dem Auto fahren. Wie das Schicksal so spielt, geriet ich tatsächlich in eine Polizeikontrolle. Mir wurde ohne viel Diskussion ein Blasröhrchen vorgehalten, dass sich oberhalb der damals noch erlaubten 0,8 Promille blau verfärben würde. Bei mir schrillten alle Alarmglocken. Ich fürchtete stark und wahrscheinlich höchst berechtigt, ich könnte darüber liegen. In einer heftigen Adrenalinausschüttung erinnerte ich mich an die vor über 10 Jahren erlernte Lötrohrkunst und des kurzen Kreislaufs frisch eingeatmeter Luft über die Nase mit direktem Ausatmen durch den Mund. Ich durfte ja auf keinen Fall meine mutmaßlich höherpromillige Luft aus der Lunge verwenden. Drei Versuche waren nötig, die alte Technik wieder zu reaktivieren. Ich bekam dabei einen knallroten Kopf vor Anstrengung und Atemnot. Die Polizisten forderten mich mittlerweile sehr ungeduldig und verschärft auf, nun endlich zügig ins Röhrchen zu blasen, sonst ging's augenblicklich auf die Wache zum Blut abnehmen. Der vierte Versuch war dann offensichtlich so perfekt, dass das Blasröhrchen weiß blieb und ich, zwar mit Kopfschütteln vonseiten der Polizei – aber immerhin – entlassen wurde. Während der Heimfahrt habe ich dann mehrmals tief über die Lunge ausgeatmet und dankbar das Lötrohrpraktikum gepriesen.

Kernspalter

Vorlesung

Die anorganische Hauptvorlesung im großen Hörsaal mit ca. 600 Studenten aller Bereiche hielt **Fritz**

Straßmann.[3] [3] Es war die in jeder Hinsicht beeindruckendste Vorlesung, die ich je besuchte. In besonderer Erinnerung blieben mir zum Beispiel die Szenen, wenn er das Periodensystem der Elemente erklärte. Nach vorne zum Auditorium gewandt, hinter sich das große Wandplakat mit der Aufreihung der Elemente, hatte er einen langen Zeigestock über seine rechte Schulter gelegt und balancierte dessen Spitze rückwärts, quasi ‚blind' und dennoch punktgenau auf dasjenige Element, das er gerade besprach. Wir waren alle immer wieder verblüfft von dieser überaus gekonnten Vorstellung, heute würde man ‚Show' sagen.

Praktikum

Wie bei der Hauptvorlesung, so nahmen an den ersten Praktika nicht nur Chemiestudenten, sondern auch solche als vielen anderen Bereichen, unter anderem auch Mediziner teil. Dabei war damals zu beobachten, dass der Aufwand, der letzten Gruppe Chemie näher zu bringen, um Einiges größer war als bei anderen Fächern (hat sich das inzwischen geändert?). In das anorganische Praktikum kam **F. Straßmann** zuweilen persönlich, um nach dem Rechten zu sehen. So fiel uns eines Tages auf, dass er einer ausgesprochen hübschen, blonden Medizinstudentin die eigentlich einfache Funktionsweise eines Bunsenbrenners so genau, geduldig und ausführlich erklärte, wie er das noch bei keinem der Chemiestudierenden, die ja damals fast nur männlich waren, je praktiziert hatte.

---

[3]Prof. Dr.-Ing. **Fritz Straßmann** (1902–1980), einer der Entdecker der Kernspaltung, Prof. Univ. Mainz: 1946–1970. URL: http://gutenberg-biographics. ub.uni-mainz.de/personen/register/eintrag/s/fritz-strassmann.html

Besuchsdiplomatie

1965, bei einer Terminanmeldung zum anorganischen Teil meines Vordiploms wurde ich im Sekretariat Zeuge der folgenden Begebenheit. Noch bevor ich mit meinem Anliegen seine Sekretärin richtig ansprechen konnte, erklärte sie aufgewühlt, dass sie gerade einen unvorhergesehenen, amerikanischen Gast bei **F. Straßmann** angemeldet habe. Als sie danach dem Besucher die Türe zu seinem Erdgeschoss-Zimmer öffnete, sei dieses leer gewesen, und das Fenster sperrangelweit offen gestanden. Er habe mit dieser Methode schon manches ungewollte Gespräch vorzeitig beendet.

Vordiplom

Ich erhielt dann doch noch nach einiger Zeit meinen Termin. Zur Prüfung hatte ich ordnungsgemäß das dicke Lehrbuch – den ‚Hollemann-Wiberg‘ – auswendig gelernt. Trotzdem bezeichnete **F. Straßmann** eine Antwort auf eine Prüfungsfrage schlichtweg als falsch. Ich war innerlich empört, da ich das Gelernte präzise wiedergegeben hatte und sagte ihm, dass das genauso im entsprechenden Kapitel beschrieben sei. Worauf er mir antwortete, ob ich immer alles glaubte, was in den Lehrbüchern stünde. Ich empfand das als höchst unfair einem armen Prüfling gegenüber, empörte mich innerlich noch mehr und sagte ihm schließlich, ja, das würde ich erst dann nicht mehr tun, wenn ich mal Professor sei. Ihm schien das einzuleuchten, und er beendete damit seinen Prüfungsteil relativ schnell.

Meine naturwissenschaftliche Kritikfähigkeit habe ich dann doch erfreulicherweise wesentlich früher erlangt.

Meenzer Universitäts-Fassenacht

Bevor ich über das Hauptstudium berichte, muss ich noch einen Abschnitt einflechten, der ausgesprochen wichtig ist für die Stadt, nämlich die Mainzer Fastnacht, bzw. ‚Meenzer Fassenacht' wie die Mainzer sagen. In solch einer Hochburg des alt-ehrwürdigen Ausnahmezustandes blieb auch die Universität von Feiern und Festlichkeiten nicht verschont, jedenfalls damals.

Alle Institute organisierten Feiern, es gab Physiker-, Mathematiker-, Biologen-, Mediziner, Philologen- und Juristenbälle und dann die großen Rosenmontagsbälle in allen Räumen der (alten) Aula/Mensa, in denen man sich kennenlernte, manchmal für länger oder auch lange. Mir erging es da nicht anders.

Chemikerbälle

Die Chemikerbälle waren etwas Besonderes. Jeweils alle Drittsemester kamen immer gerne der Pflicht nach, die Feiern auszurichten. Dafür sorgten schon die Assistenten, die die vorherigen Erfahrungen sammelten und weiter-gaben. Alles geschah natürlich nicht ohne Wissen des Lehr-körpers. Wir räumten jedenfalls Wochen vorher die zwei größten Räume des anorganischen Praktikums vollständig aus. Alle Flaschen, Pulverfläschchen etc. wurden von den Regalen, alle Gerätschaften und Apparate von den Tischen in den dritten Raum gebracht, die Abzüge ausgeräumt und die Unterschränke abgeschlossen. Eine Gruppe übernahm die Getränkelogistik, eine andere sorgte für die Musik.

Ich war zur Dekorationsgruppe eingeteilt.

Ein leeres Labor ist ein entseeltes Labor, also mussten wir uns etwas einfallen lassen für die Ausgestaltung als Ballsaal. Jemand hatte ein Playboy-Magazin besorgt – 1964 noch eine gewisse Kühnheit. Wir legten einige nette Bilder (nicht direkt das volle Playmate über zwei Auf-klappseiten – das hätte leider die technischen Möglich-keiten gesprengt – unter das Episkop (damals für Vorlesungen oder Vorträge üblicher, riesiger optischer Reflexions-Apparat) im großen Hörsaal der chemischen

Institute der Universität, im sogenannten Bau M. Die Bilder projizierten wir dann auf lange Papierbahnen, die wir mit hohen Leitern und beträchtlichem Aufwand auf der großen Wand über der Tafel befestigt hatten. Zunächst wurden die Umrisse mit Stiften in schwarz übertragen, dann die Papierbahnen abgenommen und auf den Fußböden die Flächen bunt ausgemalt.

Diese Kunstwerke wurden dann von den Labordecken vor die leeren Regale, zusammen mit Girlanden, Ballons und weiterem Schmuck abgehängt und somit ein aufsehenerregendes Feierflair geschaffen. Die bemalten Papierbahnen sind dabei so gut angekommen, dass wir sie nach unseren Feiern sogar als Dekoration an die großen Aula-Bälle verkaufen konnten, was unsere Veranstaltungskasse wesentlich aufbesserte.

Zum Chemikerball kamen natürlich auch die allermeisten Assistenten und Professoren, oftmals mit ihren Familien – und wichtig – Töchtern. Die Damenquote wurde aber auch dadurch entscheidend erhöht, dass ein großer Andrang aus anderen Fachbereichen und selbst aus der Stadt zu begrüßen war – bedingt durch den weithin guten Ruf des Festes. Die Steh- und Tanzflächen waren dadurch immer so stark bevölkert, dass bald auch alle Abzüge durch Pärchen belegt waren. Trotz heruntergezogener Frontscheiben war in dieser Zeit wegen der abgeschalteten, weil sonst zugigen Absaugung, hier und da ein etwas süßlicher Geruch bemerkbar.

Auch die Vorfeiern, vor allem aber die Nachfeiern zum Abschluss aller Vorbereitungen bzw. dem Ab-, Auf- und Wiedereinräumen waren ebenso legendär – allerdings durch etwas andere Abläufe. Traditionell wurden dabei die übrig gebliebenen alkoholischen Getränke durch Direktkonsumation entsorgt. Unsere Idee, anschließend nach Wiesbaden ins damals einzige Hallenbad der Gegend mit dem Bus zu fahren, erwies sich dabei als nicht besonders gelungen. Nachdem es einem aus der Gruppe beim Schwimmen schlecht geworden war, verwies man uns alle des Hauses.

Die Laborbälle hielten sich, glaube ich, bis weit in die 1970er Jahre. Dann erschwerten neue Sicherheitsregeln die ungetrübte Ausgelassenheit. Schließlich wurden auch die berühmten Aula-Bälle eingestellt, nachdem von einer kleinen Gruppe Studenten ein kurzes Bad im Forums-springbrunnen, trotz Kälte – und daher unvernünftig – ohne Bekleidung veranstaltet worden war.

Hauptstudium Chemie, Mainz

Praktika Organische Chemie

Das Hauptstudium ab 1965 war angefüllt mit den organisch-chemischen Praktika. Die dazugehörigen Labors befanden sich direkt unter dem dünnen Dach des sogenannten ‚Altbaus' (Bau K, umgebauter Teil einer alten Flakkaserne aus der Kriegszeit). Er hatte sich seinen Namen verdient, steht aber heute nicht mehr.

Etherflaschen
Im Sommer überschritt die Erwärmung der Räume durch Sonneneinstrahlung die Siedetemperatur von Diethylether (34,6 °C) mit Leichtigkeit, sodass regelmäßig die Schliff-stopfen der überall stehenden Etherflaschen durch den entsprechend hohen Dampfdruck wiederholt gelüpft wurden und ein unregelmäßiges, aber doch melodiöses Klicken die Praktikumsräume erfüllte. Daraus ergab sich der geflügelte Spruch, der von Semester zu Semester weitergegeben wurde: *„Früher oder später hüpft auch bei Dir der Äther"* (Ether schrieb man damals noch mit Ä – Glück für den Reim).

Welch weiten Weg unser heutiges Sicherheits- und Umweltbewusstsein genommen hat, verdeutlichen auch die folgenden und viele der später geschilderten Ereignisse.

Natriumdraht

Um für einige Reaktionen bestimmte, geeignete Lösungsmittel zu trocknen, war es – und ist noch – üblich, Natriumdraht einzupressen. Natrium ist ein weiches, silbriges Metall, dass sich relativ leicht mit einer Presse durch Düsen zu längeren Drähten formen lässt. Durch seine hohe Reaktivität gegenüber Feuchtigkeit (Natrium direkt in Wasser geworfen, brennt heftig) konnten die unbedingt vorgetrockneten Lösungsmittel hervorragend endgetrocknet werden. Das abschraubbare Presswerkzeug mit anhaftendem Natrium musste danach gründlich mit Alkohol gereinigt werden – wir nahmen gewöhnlich Ethanol oder das reaktivere Methanol aus Spritzflaschen. Wenn's mal ganz schnell gehen sollte, kam danach die etwas brutalere Methode zum Einsatz: der immer noch anhaftende Rest Natrium konnte endgültig dadurch vernichtet werden, dass das Presswerkzeug in das Waschbecken geworfen und mit Wasser abgespült wurde. Geringe Reste von Natrium gerieten so manchmal in die Abwasserleitung, die mit den kleinen Ausgüssen an jedem Arbeitsplatz in Verbindung stand. Da wir eigentlich auch immer alle Lösungsmittel über den Ausguss entsorgten (meine Güte ja, wir wussten das damals halt nicht anders) und deren Dämpfe sich über das gesamte System verteilten und da sich bei der starke Hitze entwickelnden Reaktion der Natriumreste mit Wasser zudem Wasserstoffgas entwickelte, kam es dann öfter mal zu kleinen, aufeinanderfolgenden, intervallisch fortschreitenden Verpuffungen entlang der 2×4 Arbeitsplatzausgüsse an einem doppelseitigen Labortisch. Der Verursacher musste dann immer 1 DM in die Laborkasse zahlen. Unseren gelegentlichen, kleineren Laborfeiern ging dadurch nie das Geld aus.

Nitrilsynthese

Sicherheits- und umwelttechnisch gesehen war auch die ‚Kolbe-Nitrilsynthese' schon damals eine gewisse Herausforderung. Zur Umsetzung mit bestimmten organischen Verbindungen wurde Kaliumcyanid (‚Cyankali', KCN, oder auch Natriumcyanid NaCN) verwendet – bei oraler Aufnahme oder Hautresorption tödliche Gifte. Ich sollte einen größeren Ansatz kochen und hatte mir in der Chemikalienausgabe ca. 400 g KCN in Form von ovalen Presslingen, fast hühnereigroß, besorgt. Die Menge hätte sicher ausgereicht, mindestens die gesamte Chemie auszurotten, deshalb ging ich verantwortungsbewusst damit um. Die KCN-Eier konnten als solche nicht der Reaktion zugeführt, sondern mussten erst zerkleinert werden. Im Abzug, mit Handschuhen versehen und einem alten Tuch mit eingeschnittenem Mittelloch über dem großen Mörser, durch welches das riesige Pistill gesteckt wurde, versuchte ich nach und nach die sehr harten Eier weich zu stoßen und in feine Pulverform zu bringen. Dazu musste ich nach gewisser Zeit jeweils den Fortschritt meiner Arbeit kontrollieren und auf der Suche nach noch vorhandenen größeren Stücken das volumenmäßig angewachsene Pulver umrühren und genau durchmustern. Dabei machte ich die Entdeckung, dass ich offensichtlich zu den rund 40 % der Bevölkerung gehöre, die genetisch bedingt den Bittermandelgeruch von Blausäure (entstehend durch Reaktion von KCN mit Luftfeuchtigkeit) nicht wahrnimmt. [4] Ich behalf mich damit, dass ich den Mörser sofort wieder abdeckte und meinen Kopf zurückzog sobald ich den ersten, ganz leichten Bittermandelgeschmack im Mund verspürte. Da mich damals niemand aufgeklärt hatte, und Sicherheitsdatenblätter noch unbekannt waren, lehrte mich mein Chemiestudium somit ganz direkt einen der wichtigsten Grundsätze des lebenslangen Lernprozesses: *„Learning by doing"* – *„solange*

Du noch kannst" (erster Teil ursprünglich von Aristoteles, [5] 384–322 v. Chr – zweiter von mir).

Nachkochen

Samstags war Nachkochzeit, die man dann wahrnehmen konnte, wenn ein Präparat nicht erfolgreich verlief und man es deshalb wiederholen musste.

Ein Kommilitone und ich waren also an einem Samstagmorgen im Altbaulabor mit ihren Versuchen beschäftigt. Ich hatte eine heikles ‚Grignard'-Präparat angesetzt, das bei ungenügender Kühlung die üble Angewohnheit hat, ‚durchzugehen'. Dann sprudelt der Kolbeninhalt durch das aufgesetzte Kühlrohr hoch und ergießt sich im gesamten Abzug. Zudem besteht dabei immer die Gefahr der Überhitzung und Selbstentzündung. Beides ließ sich beim ersten Versuch nicht vermeiden, ich hatte mit zu kleiner Eismenge gekühlt. Damit mir das nicht nochmal passierte, organisierte ich zu Hause einen alten, ausgedienten Aluminiumtopf als Eisbehälter mit genügend großem Inhalt. Den Topf platzierte ich auf einem ‚Dreibein' unter dem, an einem Stativ befestigten, gläsernen Reaktionsapparat. Salz stand bereit zur stärkeren Kühlung (Eiskochsalzmischung), falls die Reaktion wieder zu heftig werden sollte. Als der ‚Grignard' diesmal ruhig und friedlich in Gang gekommen war und auch so blieb, bemerkte ich am Boden des Abzugs eine Wasserlache. Der Topf hatte offensichtlich ein kleines, übersehenes Loch, aus dem langsam, in sehr regelmäßigen Abständen Eiswasser tropfte. Damit der Abzugsboden nach einiger Zeit nicht vollkommen überschwemmt war, stellte ich ein großes, sauberes Becherglas darunter, das sich nur ganz langsam füllte. Dann ging ich zum Arbeitsplatz zurück.

Genau zu dieser Zeit öffnete sich die vordere Praktikums-Schwingtür und **Leopold Horner,**[4,5] Koryphäe der organischen Phosphorchemie, Mitentdecker der Wittig-Horner Reaktion bzw. der verbreiteteren Horner-Wadsworth-Emmons Variante [6] trat herein. Es war das erste Mal, dass ich ihn je im organischen Praktikum sah. Langsam schlenderte er die Reihe der Abzüge entlang und blieb vor dem letzten – meinem – lange, sehr lange stehen. Ich beobachtete aus den Augenwinkeln, wie er sich meine Apparatur genau, von unten bis oben und wieder zurück anschaute. Schließlich kam er etwas verhalten an meinem Arbeitsplatz und fragte mich direkt, was für einen außergewöhnlich interessanten Aufbau mein Präparat hätte und welches Produkt ich denn da unten im Becherglas auffing. Mich beschlich augenblicklich ein eher unangenehmes Beichtstuhl-Gefühl als ich ihm erläuterte, dass die sorgfältig gesammelten Tropfen ganz gewöhnliches Kühlwasser aus einem lecken Aluminiumtopf meiner Mutter seien. Offensichtlich betrachtete er sich aber mitnichten als Beichtvater, erteilte mir keine Absolution, sondern drehte sich wortlos auf dem Absatz um und verschwand. Ich habe nie bemerkt oder gehört, dass er in nächster Zeit wieder im Praktikum auftauchte. Ansonsten aber verlief der ‚Grignard' erfolgreich, die Ausbeute war gut.

[4]Prof. Dr. Dr.h.c. **Leopold Horner** (1911 – 2005, Prof. Univ. Mainz: 1953–1982.

[5]URL: http://gutenberg-biographics.ub.uni-mainz.de/id/dd6c62a6-d94f-467d-88c7-b4d6e469207f

Literaturpräparat

Von einem Assistenten wurde mir einmal ein ‚Literaturpräparat' aufgedrückt, an dem ich drei Monate (!) herum-
kochte. Für Literaturpräparate gab es keine langjährig
erprobten Vorschriften, sondern es wurde einem irgend-
eine – vielleicht eine neue, für den Assistenten gerade
interessante – Veröffentlichung in die Hand gedrückt
mit der Aufforderung, sie nachzukochen. Für gewöhnlich waren dafür mit Analysen vielleicht drei Wochen
vorgesehen. Mein erster Ansatz klappte überhaupt nicht.
Auch der zweite Versuch enthielt nicht die gewünschte
Substanz. Ich besprach die Angelegenheit mit meinem
Assistenten, der offensichtlich am Resultat sehr interessiert
war und dem eher als unfähig betrachteten Praktikanten
einige Ratschläge gab, sodass ich mich an den dritten
Anlauf machen musste. Auch dieser schlug völlig fehl.

In meiner großen Not, fasste ich den für einen
Studenten eher ungewöhnlichen Entschluss, an den Erst-
autor der Veröffentlichung Karl Freudenberg[6,7] [13] zu
schreiben und ihn um Rat, Hilfe und Erläuterung zu
bitten. Er antwortete mir freundlich, er könne mir leider
auch nicht weiterhelfen. Er selbst wisse nichts mehr über
die besagte Reaktionsvorschrift (er war bereits 79). Der
ehemalige, bearbeitende Mitarbeiter sei seit langer Zeit
wieder zurück in Pakistan, seine Adresse unbekannt.
Somit könne dort auch nicht mehr nachgefragt werden.
Dieser Sachverhalt, zusammen mit der Kunde über meine
dreimonatige Kochzeit, drang vor bis zum Direktor des

---

[6]Prof. Dr. Karl Freudenberg (1886–1983), Prov. Univ. Heidelberg: 1926–1969,
Organisch-chemisches Forschungsinstitut: bis 1969.

[7]URL: http://www.kipnis.de/index.php/alexander/kurzbiografien/16-freuden-
berg-karl-1886–1983-chemiker

Organisch-Chemischen Instituts, **Werner Kern.**[8] [7, 14, 15] Wie ich dann hörte, wurde hierauf eine Besprechung mit **L. Horner,** dem Verantwortlichen für die organischen Praktika und dem Assistenten einberufen. Aus gewöhnlich gut unterrichteten Kreisen verlautete glaubwürdig, dass eine sehr lebhafte Diskussion über die Betreuungsintensität und eine zu lange Inanspruchnahme von Praktikanten für eigene Zwecke stattfand. Jedenfalls erließ man mir danach das Literaturpräparat, wenn auch meine weiteren Bemühungen ungewürdigt blieben.

Werkstudium

Da wir unsere Glasausrüstung im Praktikum selbst bezahlen mussten und ab und zu auch mal darüber hinaus etwas Geld brauchten, haben viele Chemiker vorzugsweise in Freizeit oder Ferien als Werkstudenten gearbeitet. Ich habe zweimal bei der Post Pakete be- und entladen, einmal gekellnert und zweimal als Lagerist bei den Schott Glaswerken in Mainz ausgeholfen und somit auch vielfältige, praxisbezogene, d. h. polytechnische Kenntnisse des Werktätigenlebens erworben – hätte man damals in der DDR gesagt.

Die Arbeit mit teilweise schweren Paketen nachts im Bahnhof war unproblematisch, man konnte zwischen den ankommenden Postzügen auf den weichen Postsäcken in der trockenen Lagerhalle schön schlafen.

Beim Kellnern in den Fastnachtswochen zu arbeiten, damit andere feiern konnten, fiel mir wesentlich schwerer.

Ideal war die Tätigkeit im Glaswerk. Wir waren dort drei Kommilitonen, zwei im Lagerbereich, einer in der

---

[8]Prof. Dr. Dr.h.c. **Werner Kern** (1906–1985), organisch-präparative Makromolekulare Chemie, Prof. Univ. Mainz: 1946–1974. URL: http://gutenberg-biographics.ub.uni-mainz.de/personen/register/eintrag/k/werner-kern.html; URL: http://www.kipnis.de/index.php/alexander/kurtbiografien/144-kern-werner-1906-1985-polymerchemiker

Fernsehröhrenproduktion. Im Lager fanden wir auf dem Sammelplatz für Ausschussware Laborgläser mit kleinen Fehlern. Für unser Praktikum waren sie längst noch gut genug, aber nicht mehr für den Firmenverkauf. Sie wären wieder eingeschmolzen worden. Mit einem offiziellen Erlaubnisschein versehen, durften wir mit unserer Ausbeute die Werkspforte passieren und versorgten dadurch nicht nur uns, sondern auch Freunde im Praktikum.

Mein Mit-Lagerist hatte eines Tages ein seltenes, sogenanntes ‚Beckmann-Thermometer' aus Glas aufgetrieben, das zu bestimmten Versuchen im Praktikum eingesetzt werden konnte. Ein solch teures Thermometer hat den Vorteil, extrem genau und den Nachteil, deswegen sehr lang zu sein. Da es sich nicht um Ausschuss handelte, sondern um reguläre Ware – für die es sicher keinen Passierschein durch die Pforte gegeben hätte – rieten wir dem Kollegen dringend von weiterem Interesse ab, konnten uns aber nicht durchsetzen. Er stopfte sich das ca. 80 cm lange Glasinstrument unter seine Kleider, wo es von der Schulter bis kurz übers Knie reichte. Wir schwitzten Blut und Wasser, als er bei Schichtwechsel und hoher Personendichte mit kurzem Schritt und einseitig etwas steif durch die Pforte ging – erfolgreich. Dann nahmen wir die Straßenbahn zur Innenstadt. Wegen Überfüllung standen wir eine Weile und erzählten und lachten viel. Ein Sitzplatz wurde frei und unser Kollege setzte sich spontan und blitzschnell hin. Nach einem lauten Knirschen aus Hemd und Hose bröselte das kostbare Beckmann-Thermometer in Teilen aus seinem Hosenbein auf den Waggon-Fußboden. Wir konnten uns noch tagelang nicht über seinen verblüfften Gesichtsausdruck beruhigen.

Weinchemie

Das angenehmste Praktikum, welches ich je das Vergnügen hatte, zu absolvieren, war das 6-wöchige weinchemische Praktikum im einstigen Institut für Mikrobiologie und Weinforschung in der Ernst-Ludwig-Straße in Mainz. Wir lernten damals, dass nicht nur Wahrheit im Wein ist, sondern noch eine Vielzahl anderer Stoffe.

Analysen

Diese zu bestimmen, war unsere Aufgabe. Bei einer quantitativen Analyse wurden dabei Volumen von 20 oder 50 ml untersucht, die mit einer Messpipette aufgenommen wurden. Bei dem Untersuchungsstoff war die sichere Verwendung eines Gummiballs nicht nötig, wir zogen einfach mit dem Mund die benötigte Menge auf. Zweimal. Die erste schluckten wir, die zweite blieb in der Pipette zur jeweils getrennten Analyse von Alkohol, Zucker, Weinstein, Weinsäure, Apfelsäure und Salicylsäure, Schweflige Säure, Glycerin und Mineralstoffen. Da kam einiges Geschluckte zusammen. Das war zwar nicht ganz offiziell, aber für die besondere Beliebtheit des Praktikums wesentlich.

Firmenanalyse

Unser System versagte, als wir einmal unangekündigt den Inhalt eines neuen Flaschentyps untersuchen sollten. Der erste, der durchgehende Schluckzug, löste einen heftigen, gustatorischen Schock aus. Es handelte sich um einen herb-muffigen Frankfurter Äppelwoi (Apfelwein). Um die weiteren Analysen geschmacklich wenigstens etwas erträglicher zu gestalten, setzten wir kurz entschlossen eine genügende Menge Traubenzucker hinzu. Dumm nur, dass uns dann am Ende unerwarteterweise aufgetragen wurde, genau den Traubenzuckerwert als Auftragsanalyse für die Herstellerfirma zu bestimmen. Da half alles nichts, wir mussten beichten und handelten uns ein ziemliches Donnerwetter ein. Dass wir dann den gesamten Analysengang wiederholen mussten, wäre ja nicht so tragisch gewesen, wenn uns nicht wieder der gleiche Äppelwoi hingestellt worden wäre.

Botrytis

Den ultimativen Horror erlebten wir aber, als uns Thema und Vorgehensweise einer laufenden Diplomarbeit vorgestellt wurden. Es sollten nach allen Regeln der damaligen analytischen Kunst die charakteristischen Geschmacksstoffe, die eine Trockenbeerenauslese ausmachen, gefunden und bestimmt werden. Bei dieser edelsten und teuersten aller Weißweinarten spielt die ‚Edelfäule' (Grauschimmel, *Botrytis cinerea)* die entscheidende Rolle. Sie tritt nur relativ selten in sehr begünstigten Lagen bei genügend warmem und doch feuchtem Herbstwetter auf. Dabei werden die Zellwände reifer Trauben etwas durchlässig, die innere Feuchtigkeit verdunstet, der Saft wird stark konzentriert und nimmt noch zusätzlich besondere Aromen des Grauschimmels auf. Diese sind verantwortlich für den berühmten ‚Botrytisgeschmack' von Trockenbeerenauslesen. Und genau diesen Geschmackskomponenten wollte man auf die Spur kommen, um sie später vielleicht einmal synthetisieren zu können.

Hierzu entkorkte der Diplomand andächtig zwei Flaschen dieser kostbaren Kreszenzen, kippte sie in einen riesigen 5-L Schütteltrichter, goss 500 ml Benzol drauf und schüttelte das Ganze mit aller Hingabe, deren er fähig war, durch. Uns Zuschauenden fuhr ein solch stechender Schmerz in Herz und Magengrube, dass wir schnellstens auf die Verfolgung der weiteren Prozeduren verzichten und nach Hause gehen mussten.

Ich weiß bis heute nicht, ob es schon ‚naturidentische' Aromen gibt, die jede süße Plörre zu einer Trockenbeeren- auslese aufzuhübschen vermögen.

Vorlesungen

Der Weinbau (mit Exkursionen)

In Zusammenhang mit dem weinchemischen Praktikum hielt **Otto Sartorius**.[9,10] eine langjährige Vorlesung an der Universität Mainz: *„Die kulturelle und wirtschaft- liche Bedeutung des Weinbaus (mit Exkursionen)"*. Die meisten Kommilitonen gingen wegen der Klammern hin, ich natürlich nicht. Mich hatte Kultur ja schon immer interessiert (ich ließ mich sogar als Mitglied der Gesell- schaft für Geschichte des Weines e. V.[11] anwerben).

Jedenfalls füllte sich ca. 3 Wochen vor einer angekündigten Exkursion in jedes Mal überraschender Weise der Hörsaal beträchtlich.

Die Exkursionen waren wunderbar. **O. Sartorius** lud uns auf sein eigenes, herrliches Hofgut ein, wo wir beste Pfälzer Weine kennenlernten.

Weiterhin besuchten wir die bis 1976 gegenüber dem Institut für Weinchemie befindliche Staatliche Weinbau-

---

[9]Dr. **Otto Sartorius** (1892–1977), damals Besitzer des ältesten Weinguts der Pfalz, des Johanniterguts ‚Herrenhof' in Mußbach (Neustadt a. d. Weinstraße.

[10]Das Johannitergut Herrenhof in Mußbach an der Weinstraße, URL: http:// johanniter.de/fileadmin/user_upload/Dokumente/Orden/Genossenschaften/ Hessische/Aufs%C3%A4tze/JohannitergutHerrenhof.pdf; URL: https://www. dlr.rlp.de/Internet/global/inetcntr.nsf/dlr_web_full.xsp?src=1R58979WM2&p 1=44101U689K&p3=248RMWS3QK&p4=7PH2204P3H

[11]URL: https://www.geschichte-des-weines.de

domäne Mainz. Nicht nur die kundige und ausgiebige Weinprobe beeindruckte uns sehr, sondern auch die Besichtigung der normalerweise nicht zugänglichen, weitläufigen Kelleranlagen, die sich bis unter die einigermaßen entfernte Peterskirche erstreckten. Ob das dortige Pfarramt hinsichtlich des Messweins auch Zugang zu den Kellern hatte, konnte nicht ermittelt werden.

Ein weiteres Exkursionsziel war die damalige kleine, aber feine Sektkellerei Kurpfalz in Speyer (heute Sektkellerei am Turm, größter ‚Lohnversekter' in Deutschland (‚Winzersekt').[12] Nach reichlicher Verkostung einer Kollektion feinster Sorten, fiel uns in der Probierstube der große, wellenförmige Tisch auf. Auf unsere Frage, weswegen diese ungewöhnliche, aufwändige Form gewählt worden sei, wurde uns erklärt, als besonderen Service des Hauses habe man nach ausgiebigen Sektproben die durchschnittliche Bewegungsfrequenz und -amplitude von Besuchern beim Verlassen des Raumes studiert. Auf das lange Möbelstück übertragen, konnten spätere Gäste dann relativ flüssig und ohne Kollisionsgefahr zwischen Tisch und Wand den Raum verlassen. Als Naturwissenschaftler fanden wir diese sicherlich weiterhin überprüfte Erklärung realistisch und plausibel.

Studentenbewegt

Unser Hauptstudium fiel ansonsten in die Zeit der 1968er Studentenbewegung. Im Gegensatz zu Frankfurt, einem Zentrum der Revolte, [17] waren in Mainz die Studenten kaum bewegt, die Universität hatte den Ruf, arbeitsorientiert zu sein. Das traf sicher für die Naturwissenschaftler und erst recht die Chemiker zu, für die es ja praktisch keine Zeit zum Protestieren gab.

Eine Ausnahme ereignete sich einmal zum Tode Benno Ohnesorgs, der 1967 in West-Berlin während der

---

[12]URL: https://www.sektkellerei-am-turm.de/de/index.html

Demonstrationen gegen den Schah von einem Polizisten erschossen worden war. [8] Mehr oder weniger alle Studenten und auch ein beträchtlicher Teil des Lehrkörpers nahm damals tatsächlich an einer Demonstration bis in die Innenstadt hinunter teil.

Horner-Reaktion

Eine zweite Ausnahme trug sich folgendermaßen zu. Irgendein Studentenkomitee hatte 1968 – Höhepunkt der Unruhen – beschlossen, dass man angesichts des brandaktuellen Mottos *„Unter den Talaren – Muff von 1000 Jahren"* sogar an der Universität Mainz sich nicht alles von der herrschenden Klasse bieten lassen könne. Daher sollte auch in der Chemie eine Vorlesung boykottiert werden. Wir wollten solidarisch sein und die Wahl fiel wohl eher zufällig auf eine Vorlesung von **L. Horner.** Jedenfalls setzte sich unser Semester auf die breiten Treppenstufen zum großen Hörsaal und blockierte den Zugang. **L. Horner** erschien, wir ließen ihn mit wild entschlossenen Gesichtern nicht durch. Er verzog keine Miene und kehrte nach kurzer Lagebeurteilung um. Wir blieben vorsorglich und als allgemeine Demonstration weiterhin sitzen. Fünf Minuten später kam **L. Horner** zurück. Er näherte sich, zog eine Flasche aus der Jackentasche und träufelte ruhig und wortlos über jeden von uns den Inhalt – Buttersäure[13] – aus. Alle, die einmal mit ihrem Geruch (Mischung aus ranziger Butter, Schweiß, Mundgeruch, altem Käse, Erbrochenem und verfaulten Eiern[14] [9]) Bekanntschaft gemacht haben, werden verstehen, dass dieser ultimative

---

[13]Vgl. heute gültiges Sicherheitsdatenblatt; URL: http://www.merckmillipore. com/INTERSHOP/web/WFS/Merck-INTL-Site/en_US/-/USD/ ShowDocument-File?ProductSKU=MDA_CHEM800457&DocumentType= MSD&Language=DE&Country=DE

[14]URL: https://www.carcare-24.de/wie-buttersaure-riecht

Einsatz chemischer Waffen durch die herrschende Klasse unseren heroischen Widerstand brach und die weitere Blockade ausfiel. Die Vorlesung dann auch. Bis wir und unsere Kleidung wieder einsatzbereit waren, vergingen mehrere Waschgänge.

Mir ist nicht bekannt, dass sich – zusätzlich zur ,Wittig-Horner-Reaktion' – noch eine ,Horner-Buttersäure-Reaktion' in der Liste berühmter Namensreaktionen etabliert hätte.[15] Jedenfalls drang sie nicht mal bis ins benachbarte Frankfurt durch, als wirkmächtiges Mittel der Unterdrückung von Massenprotesten.

Nebenfach-Vorlesungen
Weiterhin erinnere ich mich an zwei Nebenfach-Veranstaltungen.

Kristallographie
Da war zunächst die Kristallographie-Vorlesung von **Ernst Baier**.[16,17] Er brachte uns die komplizierten Kristallklassen und Raumgruppen bei, die auch für viele Bereiche der Chemie wichtig sind. Zu Beginn schleppte er ein paar ver-

---

[15]Zusammenstellung von Links für Namensreaktionen: Reinhard Brückner, *Reaktionsmechanismen*, Springer Verlag GmbH, Berlin etc. 2004, Vorwort zur 3. Auflage.

[16]Prof. Dr. **Ernst Baier** (1898–1974), Prof. Univ. Mainz: 1946–1967.

[17]URL: http://gutenberg-biographics.ub.uni-mainz.de/personen/register/eintrag/b/ernst-baier.html

schlissene Tapeten an, anhand deren verblichener Muster er uns in die Geheimnisse der grundlegenden Symmetriegesetze einweihte.

Unvergessen ist eine Vorlesungsstunde, bei der er – generell immer sehr korrekt gekleidet mit dunklem Anzug und meist Hut – mit der Hand vor dem Mund erschien. Akustisch kaum verständlich teilte er uns gleich am Anfang mit, vor drei Tagen seien ihm aus dentaltechnischen Gründen alle Zähne gezogen worden und sein neues Gebiss bekäme er erst in einer Woche. Die gesamte Vorlesung hielt er dennoch – schallgedämpft hinter vorgehaltener Hand und artikulationsbehindert stark nuschelnd. Hin- und Hergerissen zwischen heftigem Lachreiz über die Komik der Situation und leiser Bewunderung für sein Pflichtbewusstsein alter Schule verhielten wir uns selbst aber wie immer, nur diesmal besonders konzentriert und ruhig – ein eigentlich surrealer Zustand.

Vorlesung Kämmerer

Hermann Kämmerer[18,19] hielt eine Vorlesung über ausgewählte Kapitel der makromolekularen Chemie. An einem heißen Julitag gegen Mittag hörten wir ihm zu – einem gelehrten, freundlichen, älteren Herrn. Er hatte die für Zuhörer etwas einlullende, aber in dieser Zeit noch anzutreffende Angewohnheit, den dargebotenen Inhalt buchstabengetreu vom Manuskript abzulesen (wie sonst nur noch bei manchen Geisteswissenschaftlern üblich – bis heute). Ein Manuskriptblatt in der Hand, malte er irgendwann daraus Reaktionsformeln an die Tafel des

---

[18]Prof. Dr. **Hermann Kämmerer** (1911–1997); Prof. Organische Chemie, Univ. Mainz: 1955–1976.

[19]URL: http://gutenberg-biographics.ub.uni-mainz.de/personen/register/eintrag/k/hermann-kaemmerer.html

kleinen Hörsaals ab. Die Luft war so stickig und brütend geworden, dass einer der Zuhörer, die Redepause nutzend, aufstand und das große Fenster sperrangelweit öffnete. Der darauf entstandene, erfrischende Windstoß wedelte mindestens 10 Blätter vom Lesepult – von **H. Kämmerer** unbemerkt, da er ja mit dem Rücken zu uns an der Tafel beschäftigt war. Kurz darauf fertig mit den Formeln, drehte er sich um und las von den auf dem Pult verbliebenen Manuskriptseiten den Text unbeirrt Wort für Wort weiter ab, ohne zu merken, dass er bereits in einem ganz anderen Kapitel gelandet war. Uns war das nur recht, der ersehnte Gang zur Mensa konnte dadurch wesentlich früher erfolgen.

Seminarvortrag

Mein eigener, erster Seminarvortrag stand unter keinem guten Stern. Ich musste ihn drei Tage vor dem Termin absagen, da ich mir erstmals eine (in vielen späteren Jahren immer wieder nachfolgende) schwere Kehlkopfentzündung mit totaler Blockade der Stimmbänder eingefangen hatte. Meine Stimme war völlig weg. Ich konnte kaum mehr krächzen, geschweige denn normal sprechen und schon gar keinen Vortrag halten. Einen solchen abzusagen und dann noch so kurzfristig war höchst unüblich. Die Sekretärin (die ‚Wachhabende‘) sah mich mit misstrauisch zugekniffenen Augen an und legte einen neuen Termin fünf Wochen später fest. Mir war sehr unwohl dabei. Nach ca. einer Woche war meine Stimme wieder einigermaßen hörbar, aber noch keineswegs gut wiederhergestellt. Heiserkeit und rauer, bellender Husten zogen sich die nächsten Wochen hin, bis sich am Anfang der fünften Woche ein schwerer Rückfall einstellte. Das zweite Mal im Sekretariat stimmlos hauchend um eine Verschiebung bitten zu müssen, war wie ohne Hosen durch die Stadt zu laufen. Die Sekretärin sah mich ungläubig an und hielt mich für einen Simulanten, der wohl nur Angst vor dem Vortrag hätte – es war nur noch peinlich. Ich hätte laut schreien wollen, wenn ich gekonnt hätte.

Diplom, Diplomandenzeit, 1969–1971

Prüfung

Von den vier Fächern meiner mündliche Diplom-Hauptprüfung 1969 blieb mir der Verlauf von zweien in Erinnerung.

Die Prüfung in organischer Chemie legte ich bei **W. Kern** und **Rolf. C. Schulz**[20,21] ab. Ich hatte dafür als Basis wie üblich (s. auch Vordiplom) das Standard-Lehrbuch, den dicken ‚Beyer' gelernt (1968: 15. Auflage, heute 25. Auflage).

Beim Lernen hatte ich mich besonders auf das Gebiet der Stereochemie gestürzt – ein bevorzugtes Gebiet von **R. C. Schulz.** Ich selbst fand das ebenfalls ausgesprochen interessant und war mittels weiterer Literatur noch tiefer eingestiegen. Was den ‚Beyer' betrifft, so ging mir bei den allerletzten 50 Seiten über Porphyrine allerdings der Atem aus. Dieses Kapitel schien mir zu speziell und abwegig. Und außerdem war es noch niemals geprüft worden (wir informierten uns durch die Berichte von Generationen vorheriger Prüflinge). Ich ließ es beiseite.

Wie das Schicksal so will, prüfte **R. C. Schulz** tatsächlich die Stereochemie, alles lief wirklich glänzend, ich war

---

[20]Prof. Dr. **Rolf C. Schulz** (1920–2010): Prof. Univ. Mainz: 1963–1969 u. 1974–1989.

[21]URL: http://gutenberg-biographics.ub.uni-mainz.de/personen/register/eintrag/s/rolf-schulz.html

da besonders fit und erzählte auch noch einige Neuigkeiten aus Gastvorträgen in den letzten Semestern.

Dann kam der Teil von **W. Kern.** Er wählte kein
Thema aus den Prüfungsberichten, sondern – das Unmög-
liche geschah – erstmals Porphyrine. Bis zum Ende der,
sich eine gefühlte Ewigkeit hinziehenden, Prüfungszeit
konnte ich nur noch mit zunehmender Katastrophen-
stimmung mein Restwissen aus der Vorlesung zäh
zusammenstottern. Dann ging ich völlig zerstört hinaus
und wurde – nach abermaliger Ewigkeit, in der ich alle
meine Sünden abbüßte – wieder hereingerufen. Mit einer
gewissen – wie mir damals schien furchtbaren – Genüss-
lichkeit verkündete **W. Kern** das Urteil: Herr Lattermann,
wir haben Ihnen, wie Sie sich denken können, keine 1 (Ja
klar), keine 2 (Schluck!) und keine 3 geben können (Oh
Gooott!!), sondern eine …. 1,5 (Hä???). Entweder war
die Stereochemie so kompensierend gut gelaufen oder
mein Porphyrin-Restwissen doch nicht so grottenschlecht
gewesen, wie ich dachte – oder beides zusammen. Ich habe
es nie erfahren (und eigentlich auch nicht verstanden).

Weiterhin erwähnenswert ist die Prüfung in
Physikalischer Chemie bei **Günter Victor Schulz,**[22] [10,
18] mit ihrem Beisitzer Dr. **A. F. Moroni.** Letzterer war
der geschwindigkeitsbestimmende Faktor des Physiko-
chemischen Praktikums. Es gehörte eigentlich schon
zur Ehre eines ordentlichen Chemikers, von ‚**Moroni**'
wenigstens einmal aus dem dazugehörigen Kolloquium
rausgeschmissen worden zu sein. Ich kannte in unserem
Semester keine Ehrlosen.

---

[22]Prof. Dr. Dr.h.c. mult. **Günter Victor Schulz** (1905–1999), Prof. Univ.
Rostock: 1942–1945, Prof. Univ. Mainz: 1946–1974. URL: http://gutenberg-
biograpics.ub.uni-mainz.de/personen/register/eintrag/s/guenter-victor-schulz.
html

Andererseits zeigte er auch fürsorgliche Seiten. **G. V. Schulz** von uns kurz ‚**G. V.**' genannt), hatte mir in der Prüfung eine Frage gestellt, auf die ich zögerte, zu antworten. Nach ca. 15 Sekunden trommelte **G. V.** mit Zeige- und Mittelfinger auf den Tisch, was die höchste Alarmstufe anzeigte. Meine Blockade wurde dadurch gelöst, dass mir ‚**Moroni**' unter dem Tisch dermaßen heftig ans Schienbein trat, dass mir die richtige Antwort einfiel. Die Flecken dieser direkten Anwendung von Aktivierungsenergie waren ihre blaue Farbe am nächsten Tag wert.

Halbgötterdämmerung

Meine anschließende Diplomarbeit [11] fertigte ich von 1969–1970 *„unter Anleitung von* **W. Kern**" und der wissenschaftlichen Betreuung von **H. Höcker** an.

Zu dieser Zeit wurde **Helmut Ringsdorf**[23,24] nach Mainz berufen. Er war der letzte, der bei Hermann Staudinger[25] [12, 16] promovierte (1958)[26] und gehörte der Generation nach **W. Kern** an.

W. Kern und **G. V. Schulz** gelten als Hauptschüler Hermann Staudingers – sie hatten sich 1937 bzw. 1936 bei ihm habilitiert. Beides waren distinguierte, für den akademischen Normalverbraucher – vom Studenten bis zu Kollegen – eher unnahbare Herren, immer korrekt im tadellosen Anzug. Um z. B. dienstlich zu **W. Kern**

---

[23]Prof. Dr. Dr.h.c. mult. **Helmut Ringsdorf** (* 1930). Prof. Univ. Marburg: 1969–1971, Prof. Univ. Mainz: 1971–1994, Jilin University, Prof. Changchun: ab 1988, Prof. University London/Cardiff: ab 1994. URL: http://gutenberg-biographics.ub.uni-mainz.de/personen/register/eintrag/r/helmut-ringsdorf.html

[24]URL: http://www.adwmainz.de/mitglieder/profil/prof-dr-rer-nat-dr-hc-helmut-ringsdorf.html

[25]Prof. Dr. Dr.h.c. mult. Hermann Staudinger (1881–1965), Prof. Univ. Karlsruhe: 1907–1912; Prof. ETH Zürich: 1912–1926; Prof. Univ. Freiburg: 1926–1951. Nobelpreis 1953.

[26]URL: https://www.chemie.de/lexikon/Helmut_Ringsdorf.html

zu gelangen, musste man zunächst die wachhabende
Sekretärin in der Vorzimmerbastion überwinden und
dann nach Eintritt ins große Arbeitszimmer ungeschützt
das weite Glacis hindurch laufen, bis man die Zitadelle
des schweren Schreibtischs erreichte, hinter dem **W. Kern**
residierte.

Durch **H. Ringsdorf** vollzog sich eine Halbgötter-
dämmerung bzw. Zeitenwende in der Makromolekularen
Chemie. Das erste, bewusste Bild von ihm brannte sich
uns ein, als er, herzhaft einen Apfel kauend, in nicht mehr
ganz weißem Laborkittel, leger und en passant auf dem
Institutsgang mit **W. Kern** irgendetwas kurz besprach –
uns allen fiel ob dieser völlig unorthodoxen Verhaltens-
weise quasi die Kinnlade herunter, sowas hatten wir noch
nie zuvor erlebt.

Förderung

Aus eigener, späterer Anschauung weiß ich allerdings, dass
W. Kern persönlich einfühlsam, badisch humorvoll war
und sich väterlich um seine Leute sorgte. Ich selbst habe
ihm in vielfacher Hinsicht außerordentlich viel zu verdanken.

Die erste, materielle Förderung, die ich als Diplomand
durch ihn erhielt, waren monatliche DM 100,-. Ich hatte
dafür den neu angeschafften ersten Instituts-Trocken-
kopierer, einen Xerox-Apparat – groß wie eine Kühltruhe
– zu warten und täglich die Selenwalze (Belichtungs-
trommel) zu putzen. Anfangs glaubte ich noch, Selen
sei toxisch, später wusste ich, dass es eine gewisse Rolle
als essentieller Nahrungsbestandteil spielt und ich somit
bestimmt keine Selenmangelkrankheit je erleiden würde.

Literatur

1. Wilhelm Geilmann, *Bilder zur qualitativen Mikroanalyse anorganischer Stoffe*, 3. Auflage, Verlag Chemie Weinheim 1960 (zuerst Leipzig: Voss 1934).
2. Theodor Richter, *Carl Plattner's Probirkunst mit dem Lötrohre*, 4. Auflage, Verlag von Johann Ambrosius Barth, Leipzig 1865, S. 3.
3. Fritz Krafft, Fritz Straßmann (1902–1980). *Fritz Straßmann und der Aufbau der Mainzer Chemie. K.W.I./M.P.I. für Chemie – Chemisches Institut – Institut für Anorganische Chemie und Analytische Chemie – Institut für Anorganische Chemie und Kernchemie (mit Reaktor)*, in Michael Kißener, Friedrich Moll (Hrsg.), „Ut omnes unum sint (Teil 3) Gründungsprofessoren der Chemie und Pharmazie", Franz Steiner Verlag, Stuttgart 2009, S. 13–68.
4. Matthias Brockstedt, Reinhard Bunjes, Ursula Oberdisse, Karl Ernst von Mühlendahl, *Vergiftungen im Kindesalter*, 4. Auflage, Georg Thieme Verlag, Stuttgart 2003, S. 18.
5. Egon Freitag, *Lexikon der Kreativität – Grundlagen, Methoden, Begriffe*, expert Verlag, Renningen 2018, S. 7.
6. Reinhard Brückner, *Reaktionsmechanismen – Organische Reaktionen, Stereochemie, Moderne Synthesemetoden*, 3. Auflage, Springer Spektrum, Berlin etc. 2004, S. 468–473.
7. Gerhard Wegner, *Werner Kern (1906–1985). Der Beginn der organischen und makromolekularen Chemie in Mainz*, in Michael Kißener, Friedrich Moll (Hrsg.), „Ut omnes unum sint (Teil 3) Gründungsprofessoren der Chemie und Pharmazie", Franz Steiner Verlag, Stuttgart 2009, S. 69–83.
8. Eckard Michels, *Schahbesuch 1967. Fanal für die Studentenbewegung*, Ch. Links Verlag, Berlin 2017.
9. T. Engen, *The acquisition of odour hedonics*, in Steve Van Toller, George H. Dodd (Hrsg.), "Perfumery: The psychology and biology of fragrance", Springer Science+Business Media, Dordrecht 1988, S. 84–87.
10. Hans Sillescu, *Günter Victor Schulz (1905–1999). Begründer der Mainzer Physikalischen Chemie*, in Michael Kißener,

Friedrich Moll (Hrsg.), „Ut omnes unum sint (Teil 3) Gründungsprofessoren der Chemie und Pharmazie", Franz Steiner Verlag, Stuttgart 2009, S. 85–100.

11. Günter Lattermann, *1,1-Diphenyläthylen und einige seiner Derivate als Ausgangssubstanzen für Initiatoren der anionischen ‚Living'-Polymerisation,* Diplomarbeit Universität Mainz, 1971.

12. Rolf Mühlhaupt, *Hermann Staudinger und der Ursprung der Makromolekularen Chemie,* Angewandte Chemie (2004), 116, S. 1072–1080.

13. Karl Freudenberg, Hans Plieninger, *Organische Chemie,* Hans Quelle und Meyer, Heidelberg 1960.

14. Hartwig Höcker, *Werner Kern zu seinem 70. Geburtstag,* Makromolekulare Chemie (1976), 177, S. 1639–1641.

15. Dietrich Braun, *Redoxpolymerisation und Superabsorber – Werner Kern (1906–1985),* Nachrichten aus der Chemie (2006), 54, S. 754–758.

16. Claus Priesner, *Staudinger, Hermann,* Neue Deutsche Biographie (2013), 25, S. 82–85.

17. Norbert Frei, *Jugendrevolte und globaler Protest,* Deutscher Taschenbuch Verlag, München 2017.

18. Axel Müller, *Professor Dr. phil. Dr. h. c. mult. G. V. Schulz 1905.1999,* Macromol. Chem. Phys. (2005), 206, S. 1913–1914.

Mainz, 1971–1974

Eine vergleichbare dokumentarische Rolle wie in der Studentenzeit spielen auch die Begebenheiten während der Mainzer Doktorandenzeit des Autors bis hin zur Promotion. Hinzu kommt in diesem Kapitel noch eine Erweiterung der Farbskala durch internationale Anekdotenträger.

Meine Doktorarbeit [1] fertigte ich die ersten 3 Jahre unter der offiziellen Anleitung von **W. Kern** an und im letzten Jahr – nach vorhergehender wissenschaftlicher Betreuung – unter derjenigen von **Hartwig Höcker**.[1,2]

Ich bin beiden sehr dankbar dafür.

---

[1]Prof. Dr. Dr.h.c. **Hartwig Höcker** (*1937), Habil.: 1972 bei W. Kern, Prof. Uni Mainz: 1973–78, Prof. LMU München: 1978, Prof. Uni Bayreuth: 1978–1985, Prof. RWTH: Aachen:1985–2003, Direktor DWI Aachen: ab 1986.

[2]URL: http://www.awk.nrw.de/akademie/klassen/naturmedizin/ordentliche-mitglieder/hoecker-hartwig.html

© Der/die Herausgeber bzw. der/die Autor(en), exklusiv lizenziert durch Springer-Verlag GmbH, DE, ein Teil von Springer Nature 2020
G. Lattermann, *Chemiepark*,
https://doi.org/10.1007/978-3-662-62174-5_3

Vorlesungsassistenz

In dieser Zeit war ich sowohl bei **W. Kern** (von 1972–1974) als auch nachfolgend bei **H. Höcker** (von 1974–1975) Vorlesungsassistent.

Beide hielten vor bis zu 600 Zuhörern aller Fachrichtungen die Hauptvorlesung Organische Chemie, damals noch angelegt als große Experimentalvorlesung.

Als Vorlesungsassistent, der die zahlreichen Demonstrationsversuche vorzubereiten, aufzubauen und meist auch durchzuführen hatte, befand sich mein Labor direkt hinter dem großen Chemie-Hörsaal im damaligen Bau M.

Vorlesungsassistenz Kern

Bei **W. Kern** durfte es hinsichtlich der Versuche keine besonderen Vorkommnisse geben.

Der Knallgasversuch zum Beispiel verlief ordnungsgemäß: die detonationsfähige Mischung von gasförmigem Wasserstoff und Sauerstoff in einem Glaszylinder verfehlte nach Zündung mit offener Flamme nicht ihre ohrenbetäubende Wirkung.

W. Kerns Humor schimmerte immer an einer bestimmten Stelle durch. Ein weißes Mäuschen aus der Biologie sollte in einen, zur Demonstration der narkotischen Wirkung mit Ether gefüllten, Glaszylinder aus einem ersten, zunächst mit einer Glasscheibe abgetrennten, Glaszylinder hineinlaufen. Aus gutem Grund rührte sich die Maus erstmal nicht, krabbelte dann aber – nach diskret-beharrlichem Klopfen des Demonstrators an die Glaswand – in die süßliche Etheratmosphäre und fiel bewusstlos um. **W. Kern** schüttete sie bald darauf auf den Labortisch, wo ich sie, bevor sie wieder zu lebendig wurde, zurück in den ersten

Glaszylinder steckte. **W. Kern** kommentierte – wie jedes Jahr – das Verhalten so, dass nach anfänglichem Zögern die Neugier doch gesiegt habe – es sei wohl ein ‚weibliches Mäuschen' gewesen. Daraufhin erhob sich noch keinerlei Protest im Auditorium, da der ‚Gender'-Begriff erst viel später erfunden wurde.

Vorlesungsassistenz Höcker

Für die Vorlesung von **H. Höcker** hatte ich einige etwas spektakulärere Versuche vorzubereiten.

Quecksilberacetylid

So stellte ich unter vielen anderen Knallereien auch Quecksilberacetylid her – im trockenen Zustand zur Spontanexplosion neigend, musste es immer feucht im Kühlschrank aufbewahrt werden.

Hinsichtlich unseres Umgangs mit solchen Stoffen auch noch zu dieser Zeit, muss ich einschieben, dass es zwar seit 1967 schon Europäische Richtlinien im Bereich gefährlicher Stoffe gab, diese uns aber überhaupt noch nicht bekannt waren. Die darauf basierende Deutsche Gefahrstoffverordnung wurde erst ab 1986 eingeführt. [2]

An einem Sonntag vor der Montags-Hauptvorlesung, probierte ich im leeren, großen Hörsaal den Quecksilberacetylid-Versuch aus. Meine Frau, die unser erstes Kind erwartete, war die einzige Zuschauerin, obwohl ich sie ausführlich vorgewarnt hatte. Ich platzierte also eine mittelgroße, noch leicht feuchte Menge Quecksilberacetylid auf eine Unterlage und zündete sie durch Berührung mit einem Eisendraht, der in einer Bunsenbrennerflamme bis zur Rotglut erhitzt worden war. Ein ungeheuer hallender Knall erfüllte den leeren Saal. Kurz darauf kamen völlig aufgelöst zwei Professoren der benachbarten Anorganischen Chemie hereingerannt (sie arbeiteten ebenfalls sonntags) und fanden keine Katastrophe, sondern nur meine seelenruhig vor sich hin strickende, hochschwangere Frau und mich vor. Wir hatten den Eindruck, die Abklingphase der Herren setzte dennoch nicht sofort ein.

Für die Vorlesung am nächsten Tag fasste ich einen bestimmten Plan. Ich hatte mich über irgendetwas geärgert und bereitete daher für diesen Versuch zunächst nur eine ganz geringe Menge älteres, sehr feuchtes Quecksilberacetylid vor. **H. Höcker** wollte sich den Knalleffekt nicht entgehen lassen und selbst zünden. Er hielt also den langen, glühenden Eisendraht mit großer Geste, weit ausgestrecktem Arm, publikumswirksam an die Probe. Sie verpuffte lediglich dünn und geräuscharm … pffffft.

Sichtlich enttäuscht, meinte er, da müssten wir aber jetzt doch den Versuch mit einer etwas größeren Menge wiederholen. Beim zweiten Male platzierte ich dann eine richtig große, durchaus weniger feuchte Menge, die ich auch noch frisch vorbereitet hatte, auf die Unterlage. **H. Höcker,** zündete diesmal direkt, mit geringerem Abstand und ohne bedeutsame Gebärden. Es knallte dann dermaßen gewaltig, dass durch die Stoßwelle alle Gerätschaften auf dem großen Labortisch hochhüpften. **H. Höcker** warf mir mit weit geöffneten Augen einen Blick zu, der Interpretationen offenließ und verkündete dann dem applaudierenden Publikum, der Versuch sei nunmehr erfolgreich verlaufen.

Natrium-Kalium I

H. Höcker wollte in der nächsten Vorlesung einen ganz neuen, didaktisch wertvollen Versuch zeigen, demzufolge man chlorierte Lösungsmittel niemals mit dem bereits aus dem Grundpraktikum bekannten Natriumdraht (s. dort) trocknen durfte – durch reaktive Zersetzung und schnelle Erhitzung besteht Explosionsgefahr.[3]

Wir entwarfen also einen Apparat, der unten eine kleine Wanne für Chloroform vorsah, versehen mit einer schrägen, über ein Gelenk kippbaren, längeren Rutsche, an deren oberem Ende ein kleiner Trog für ein Stück Natrium angebracht war. Dieses sollte dann durch Ziehen an einem langen Strick und Kippen der Rutsche nach vorne unten im Chloroform landen und dort die gewünschte, heftige Reaktion auslösen. Der Apparat wurde schließlich in der Institutswerkstatt gebaut. **H. Höcker** setzte einen Termin an, an dem ich allerdings in einer Vorlesung sein musste. Arbeitskreismitglieder versammelten sich um ihn herum im Innenhof des Instituts. Nach eigener, sorgfältiger Beobachtung durch die Fenster des großen Hörsaals und den Berichten der teilnehmenden Kollegen lief der Versuch folgendermaßen ab. Die erste Menge Natrium kam wie vorgesehen unten in der Wanne an und blieb im Chloroform wie ein ‚toter Hund' liegen. Beim zweiten Mal wurde das Natrium, sorgfältiger von einer die Reaktion eventuell behindernden Kruste befreit, nach unten befördert – mit demselben mageren Ergebnis. Die logische Idee war nun ein Stück wesentlich reaktiveren Kaliums auszuprobieren. Auch dieses landete in der unteren Wanne – ruhig und friedlich. **H. Höcker,** nunmehr sichtlich ungeduldig, schnappte sich dann ein im Hof gefundenes Stück Baustahl und begann, in der Chloroform-Wanne mit der beträchtlichen Gesamtmenge an Natrium und Kalium herumzustochern.

Nun muss man wissen, dass das eigentlich schon reaktive, feste Natrium- und das noch reaktivere feste Kaliummetall, zusammengebracht eine gemeinsame Legierung – flüssiges

---

[3]URL: https://www.chemie.de/lexikon/Natrium.html

Natrium-Kalium – bilden, ähnlich Quecksilber leicht zerteilbar in kleine Tröpfchen mit großer Oberfläche. Diese Legierung selbst ist dabei noch wesentlich reaktiver als die beiden Einzelkomponenten. Durch sein Stochern mit inniger Vermischung hatte **H. Höcker** irgendwann genau eine solche Legierung hergestellt. Ich hörte durch die geschlossenen Hörsaalfenster nur noch einen unglaublich lauten Knall, die großen Glasscheiben wackelten sichtbar, eine riesige weiße Wolke verbreitete sich im Innenhof des Instituts, aus der **H. Höcker** allmählich – im Gesicht noch weißer als die Wolke – zusammen mit den Mitarbeitern sichtbar wurde.

Sein Kommentar war dann später mir gegenüber, dieser Versuch sei für die Vorlesung wohl doch nicht allzu geeignet.

Natrium-Kalium II, Blaues Wunder I

In diesem Zusammenhang ist noch ein weiteres Experiment erwähnenswert. Meine Diplom- und Doktorarbeit verlief auf einem neuen Gebiet der sogenannten ‚lebenden anionischen' Polymerisation.

‚Lebend' ist hier nicht biologisch gemeint. Da krabbelte nichts im Labor herum oder vermehrte sich gar. Es ging lediglich darum, dass die Reaktionen zu Makromolekülen über einen langen Zeitraum aktiv, also ‚lebend' blieben und nicht damit aufhörten, also ‚starben'. [3] Hierfür sind extrem saubere und trockene Lösungsmittel notwendig. Das Standardlösungsmittel Tetrahydrofuran (‚THF') wurde daher zunächst mit zwei unterschiedlichen Methoden sorgfältig vorgetrocknet, dann mehrmals unter Schutzgas (Stickstoff oder Argon) destilliert, danach mit Natriummetall gekocht (effektiver als Natriumdraht, s. Grundpraktikum) und destilliert, dann mit dem noch reaktiveren Kalium gekocht, wieder destilliert und schließlich mit der besonders reaktiven flüssigen Natrium-Kalium-Legierung (s. Natrium-Kalium I) endverkocht. Hatte man gut gearbeitet, war nach allem Aufwand das Lösungsmittel so extrem sauber, dass es sich zart blau färbte. [4] Verantwortlich dafür sind ‚gelöste‘ Elektronen. [5] Für uns war dies das ‚Blaue Wunder‘, der Gral unserer Kochkunst.

Andere Arbeitskreise im Ausland verdampften an der Innenseite von Kolben in aufwändiger Weise Natrium- und Kaliummetall als dünnen, silbrigen Spiegel, der sie ebenfalls das ‚Blaue Wunder‘ erleben ließ. [6]

Natrium-Kalium III, Mainzer Roulette

Zur Herstellung unserer Natrium-Kalium Legierung hätten wir ganz konventionell beide Metalle nacheinander mit einem Löffel in den Kolben geben können. Die völlige Vermischung wäre aber dadurch zunächst nicht unbedingt gewährleistet gewesen bzw. hätte zumindest wesentlich länger gedauert. Wir hingegen entwickelten unsere eigene, praktikable Methode, wir erfanden das ‚Mainzer Roulette‘. Zuerst nahmen wir ein Stück weiches Kalium in die eine Hand, formten mit dem Daumen der anderen eine Kuhle darin, gaben da hinein ein Stück Natrium und umschlossen dieses mit dem Kalium zu innigem Kontakt. Dann kippten wir das Konglomerat durch einen breiten Trichter in den Kolben. Die doppelte Roulette-regel besagte nun erstens, bei diesen wortwörtlichen ‚Manipulationen‘ schnell genug zu sein, sodass sich eine die Haut verätzende, flüssige Legierung nicht schon in der Hand, sondern erst im Kolben bilden und zweitens so trockene Hände zu haben, dass darin keine Entflammung stattfinden konnte.

Bei Gelegenheit vermittelten wir unser Wissen einem auswärtigen Postdoktoranden, dessen Aufgeregtheit und Unerfahrenheit in dieser Technik zu beträchtlichem Angstschweiß auch auf den Handinnenflächen und zu leicht paralysierter Reaktionsfähigkeit führte. Wir mussten ihm daher beim ersten Mal seine Hand besonders kräftig und schnell umdrehen, sodass der brisante Inhalt sicher im Kolben landen konnte.

Indisches Wunder

In diese Zeit gehörte der Arbeitsgruppe ein indischer Gastprofessor für ein Jahr an. Faszinierend war die Verzahnung seiner naturwissenschaftlichen Ausbildung mit der als Brahmane tiefen Verwurzelung in indischen Traditionen. So erzählte er uns die Geschichte, dass es in Delhi zwei uralte Türme gegeben habe (*Qutub Minar* und *Alai Minar*, 13. bzw. 14. Jahrhundert [7]). Wäre man früher auf den ersten, ursprünglich 80 m hohen Turm gestiegen und hätte oben kräftig gegen die Mauer gedrückt, so hätte der ca. 100 m entfernte Nachbarturm gewackelt. Als die Briten kamen, hielten Sie diese Berichte für ein Märchen, untersuchten die Türme und fanden keine Erklärung. Dann bauten sie die oberen Stockwerke des zweiten Turms ab, um eventuell konstruktive Geheimnisse zu entdecken. Seit dieser Zeit stünde nur noch die Erdgeschoss-Ruine des Zweiten Turms. Wir fragten unseren Gast, ob er denn selbst diese Geschichte glaube oder das nicht für eine schöne, anti-kolonialistische Legende halte: nein, nein meinte er, der Turm habe sich natürlich bewegt, wenn man im anderen gewackelt hätte. Die Briten hätten dies bloß nicht verstehen können oder wollen. (Tatsächlich kam der zweite Turm, der *Alai Minar* beim Bau im Mittelalter schon damals nicht über den Sockel hinaus und wurde niemals vollendet [7]).

Japanisches Englisch

In dieser Zeit, wurde **Junji Furukawa,**[4] [8, 12] der ‚Doyen' der damaligen Polymerwissenschaften in Japan, zu einem Vortrag nach Mainz eingeladen. Beim kurzen Treffen vor der Veranstaltung (‚Vorsitzung') erzählte er, dass er zwar früh Deutsch, aber erst spät Englisch gelernt habe. Zu seiner Studienzeit sei die internationale Wissenschaftssprache für Chemiker noch Deutsch gewesen, alle Standardliteratur und -Nachschlagewerke (Gmelin, Beilstein, Houben-Weyl etc.) seien auf Deutsch erschienen und ohne diese Sprachkenntnisse habe man auch in Japan nicht Chemie studieren können. Englisch musste er sich erst mit ca. 50 Jahren mühsam beibringen. Dementsprechend begann er dann den Vortrag mit hoher Stimme und die r wie l aussprechend: *„Ladies and gentlemen, I will held my lecture in the international language of chemists: broken English"*. Eine Aussage, die auch heute noch bei ähnlicher Gelegenheit von manch Anderen verwendet werden müsste.

Praktikumsassistenz

Zusammen mit **Helmut Ritter**[5,6] war ich Assistent im Organisch-Chemischen Praktikum.

Der Höhepunkt der vorher beschriebenen Studentenbewegung war überschritten und noch im Abklingen. Wir

---

[4]Prof. Dr. **Junji Furukawa** (1912–2009). Prof. Univ. Kyoto: 1940–1976; Prof. Univ. Tokyo 1976–1986.

[5]Prof. Dr. Dr.h.c. **Helmut Ritter** (*1948). Prof. Univ. Mainz: 1998–2001; Prof. Heinrich-Heine-Universität Düsseldorf: 2001–2013.

[6]URL: http://www.laborundmore.com/research/5318/Prof.-Dr.-Helmut-Ritter.html

hatten zwei Studenten im Praktikum die einerseits durch besonderen Fleiß und andererseits dadurch auffielen, dass sie nicht, wie die anderen, die Pausenzeiten zwischen den Versuchen, mit Skatspielen überbrückten, sondern gewissenhaft und aufmerksam in einem kleinen roten Buch („Mao-Bibel'), das sie immer dabei hatten, die Worte des Großen Vorsitzenden Mao Tse-tung studierten.

Sie gehörten einer Kleinpartei, dem Kommunistischen Bund Westdeutschland („KBW') an, dessen damalige Mitglieder Reinhard Bütikofer, Winfried Kretschmann, Ursula Lötzer, Krista Sager und Ulla Schmidt später in der Landes-, Bundes- und Europapolitik führend aktiv waren bzw. noch sind. [9] Unsere Kandidaten konnten nach ihrer Promotion die Wege in den öffentlichen Dienst und zu großen Unternehmen wegen ihrer damaligen Bekanntheit in einschlägigen Dienststellen nicht beschreiten. In die Politik wollten sie wohl auch nicht gehen. Daher wurden sie notgedrungen erfolgreiche, freie Unternehmer. Einer der beiden sagte mir später einmal, sie seien immer gegen die Kapitalisten gewesen und dann wäre ihnen nichts anderes übriggeblieben, als selber welche zu werden.

Die Revolution frisst ihre Kinder – doch manchmal nur als süßes Dessert.

Laborbrand

Zu dieser Zeit beherbergte das ‚Vorlesungslabor', das auch zur Vorbereitung der Experimentalvorlesungen diente, einen Kollegen, der eines Abends allein arbeitete, was zu dieser Zeit noch erlaubt war. Bei einer Körperdrehung verfing sich der Ärmel seines Kittels an einem Becherglas auf dem Labortisch. Es fiel über den Rand nach unten auf den Boden. Das Glas war mit Ether gefüllt, der sich sofort ausbreitete. Dadurch erhöhte sich der sowieso schon hohe Dampfdruck des Ethers. Vielleicht wäre das nicht weiter schlimm gewesen (es gab gute Abzüge im Raum), wenn nicht ein Rührgerät unter einem Glasgefäß mit aufgesetzter langer Glassäule zur Filtration einer Reaktionskomponente auf dem Boden gestanden hätte. Genau in diesem Augenblick schaltete das mit einem Zeitregler versehen Rührgerät ein. Offenbar genügte ein kleiner Schaltfunke den Etherdampf heftig verpuffen zu lassen und den restlichen weit verteilten Ether in breiter Front zu zünden. Die Verpuffung erreichte andere Lösungsmittel auf dem Labortisch und im Nu stand zunächst die erste Hälfte und bald darauf das gesamte Labor in Flammen. Die enorme Hitzeentwicklung ließ die zwischen Vorstangen und Regalen aufgehängten runden Glaskolben flach um die Stangen herumschmelzen – wie die Uhren in Salvador Dalís bekanntestem Gemälde *„Die zerrinnende Zeit"*.

Was von den Lösungsmittel- und Pulverflaschen, Kolben und Geräten noch nicht zerstört war, wurde durch die mittlerweile von mir alarmierte Feuerwehr mit armdicken Hochdruck-Wasserstrahlen von einem zufällig vorhandenen Baugerüst aus, durch die eingeschlagenen Fenster im ersten Stock, endgültig vernichtet. Hierdurch wurde die Ausbreitung des Brandes auf andere Teile des Instituts verhindert. Im Labor aber war ein Totalschaden entstanden. **W. Kern** war zu dieser Zeit nicht in Mainz. Ich rief daher noch spätabends **H. Höcker** an, der dann ab dem nächsten Tag die Formalitäten (Polizei, Hochschulverwaltung und Ministerium, Neueinrichtung des Vorlesungslabors und der gesamten, korrodierten Bestuhlung des dahinterliegenden Großen Hörsaals) Stück für Stück regelte.

Drei glückliche Umstände waren dennoch zu vermerken: An diesem Tage waren die damals noch freistehenden Gasflaschen mit Sauerstoff und Wasserstoff ausnahmsweise in einem anderen Raum eingesetzt worden

– sie wären bei der entstandenen Hitze mit Sicherheit explodiert und möglicherweise wie Raketen durch die Decke gerast.

Weiterhin konnte sich der Kollege noch ziemlich am Anfang durch die schnell entstehenden Flammen retten. Er musste allerdings zur Beobachtung ins Krankenhaus gebracht werden.

Schließlich hatte er die Unterlagen zu seiner Doktorarbeit rechtzeitig aus dem Fenster geworfen, sodass er sie am nächsten Nachmittag auf dem Gerüst vor dem Fenster zwar völlig durchnässt, aber vollständig, einsammeln konnte.

Das war der dramatischste Brand, dessen Zeuge ich wurde, wenn auch nur im Endstadium.

Fortschritt

1972 konnte sich **H. Höcker** voller Stolz einen neuen Rechner leisten. Es handelte sich bei dem schreibmaschinengroßen Modell wohl um die *algotronic (microtronic 320)* der Fa. Diehl, produziert von 1971–1973. [10] Der Rechner hatte *large-scale integration* (LSI)-Schaltkreise mit einigen Tausend Transistoren auf einem Chip – das Neueste vom Neuen. Das Non-plus-ultra bestand in seinen ‚mathematischen Funktionen', d. h. logarithmische und e-Funktionen lieferte die Maschine innerhalb von sage-und-schreibe ca. zwei Minuten. Man muss den sensationellen Fortschritt zu würdigen wissen, da diese Werte vorher nur durch Logarithmentafeln oder Rechenschieber bestimmt werden konnten. Der Preis für die Maschine lag bei beachtlichen 10–15.000,- DM, wenn ich mich recht erinnere.

Später, im selben Jahr 1972, brachte allerdings die Firma Hewlett-Packard den weltweit ersten technisch-wissenschaftlichen Taschenrechner HP-35 (Einführungspreis

1.260,- DM) auf den Markt. [11] Da er zusätzlich noch für logarithmische und e-Funktionen ausgelegt war, die – wie die anderen – lediglich durch einfachen Knopfdruck sofort auftauchten, wurde die Diehl-Maschine kurzerhand einem neuen Arbeitskreis im Institut großzügig zur Verfügung gestellt.

Promotion

Für die Doktorprüfung stand ich unter großem Druck, da ich in allen damals vier Fächern der mündlichen Prüfung (drei Hauptfächer à 1 h und ein Nebenfach à ¾ h) jeweils eine ‚sehr gut‘ erreichen musste, um die Vorschlagsnote ‚ausgezeichnet‘ zu halten. In den Hauptfächern war das kein Problem, aber nach dreimal 1 h hintereinander war ich so ‚ausgebrannt‘, dass ich im ebenfalls gleich nachfolgenden Nebenfach ‚Mineralogie‘ gravierende Konzentrationsschwierigkeiten hatte. Nur der Umstand rettete mich, dass ich im vorherigen Semester die traditionelle ‚Preisfrage‘ der Mineralogievorlesung und damit einen Kasten Bier gewonnen hatte, was dann seitens der Kommission auch noch überprüft werden musste.

In meiner Umgebung verstand das zwar keiner, aber ich konnte traumatisiert zwei Tage lang weder den glücklichen Abschluss noch die interne Doktorfeier in der Arbeitsgruppe wirklich genießen.

W. Kern betrachtete mich als seinen letzten Doktoranden. Hierzu und zur Feier meiner Dissertation mit summa cum laude und des Preises der Stadt Mainz für die beste Doktorarbeit des Jahres lud er unsere Arbeitsgruppe in das Restaurant im Mainzer Stadtpark (‚Favorite‘) ein. So etwas war bislang noch niemals geschehen. Bei aller Ehre und Freude war mir deswegen auch irgendwie ein wenig mulmig mit Blick auf die Studienkollegen.

Literatur

1. Günter Lattermann, *Polykombinationen und anionische Kopplungsreaktionen bei anionisch nicht polymerisierbaren Divinylverbindungen*, Dissertation Universität Mainz, 1974.

2. Werner Allescher, *Die neue Gefahrstoffverordnung*, in Verwaltungsgemeinschaft Maschinenbau- und Metall-Berufsgenossenschaft, Hütten- und Walzwerks-Berufsgenossenschaft (Hrsg.), „Moderne Unfallverhütung", Heft 49, Vulkan Verlag, Essen 2004/05, S. 9–12.

3. M. Szwarc, *'Living' Polymers*, Nature (1956), 178, S. 1168–1169.

4. J. L. Down, J. Lewis, B. Moore, G. Wilkinson, *The Solubility of Alkali Metals in Ethers*, Journal of the Chemical Society (1959), 3767–3773.

5. F. S. Dainton, D. M. Wiles, A. N. Wright, *Blue "Solutions" of Potassium in Ether*, Journal of the Chemical Society. (1960), S. 4283–4289.

6. C. Lee, J. Smid, M. Szwarc, *The Mechanism of Formation of Living α-Methylstyrene Dimer and Tetramer*, The Journal of Physical Chemistry, (1962), 66, S. 904–907.

7. Mark M. Jarzombek, Vikramaditya Prakash, *A Global History of Architecture*, John Wiley & Sons, Hoboken 2011, S. 405–406.

8. Susan Ainsworth, *Junji Furukawa*, Chemical and Engineering News (2009), 87, S. 41.

9. Manuel Franzmann, *Materielle Analyse des säkularisierten Glaubens als Beitrag zu einem empirisch gesättigten Säkularisierungsbegriff*, in Michael Heinz, Gert Pickel, Detlef Pollack, Marie Libiszowska Żółtkowska, Elżbieta Firlit (Hrsg.), „Zwischen Säkularisierung und religiöser Vitalisierung", Springer Fachmedien, Wiesbaden 2014, S. 131 (127–134).

10. Frank Eggebrecht, *Die Produktion von Büromaschinen der Firma Diehl in Nürnberg*, 2001, S. 28. URL: https://www.yumpu.com/de/document/read/30349748/die-produktion-von-ba-1-4-romaschinen-der-firma-diehl-in-na-1-4-rnberg

11. Peter Knabner, Balthasar Reuter, Raphael Schulz, *Mit Mathe richtig anfangen*, Springer Spektrum, Berlin 2019, S. 334.

12. Takayuki Fueno, *Professor Junji Furukawa*, Macromolecules (1999), 32, S. 5721–5722.

1974–1978

Die Postdoktorandenzeit des Autors spielte sich in den Stationen in Paris, Mainz und München ab, jeweils mit ganz ortsspezifischen Schattierungen, so wie sie – trotz des gleichen Faches durchaus unterschiedlich erlebbar waren.

Paris 1975–1976

Nach einem knappen Jahr in Mainz (1974–1975) wechselte ich auf eine Postdoktorandenstelle im Pariser Labor von **Pierre Sigwalt.**[1,2] Ich gehörte zur Gruppe von **Sylvie**

---

[1]Prof. **Dr. Pierre Sigwalt** (*1925); Prof. Université Pierre et Marie Curie (Paris VI), heute Sorbonne Université Paris: 1964–1988.

[2]URL: https://www.academie-sciences.fr/pdf/membre/SigwaltP_bio1008.pdf

© Der/die Herausgeber bzw. der/die Autor(en), exklusiv lizenziert durch Springer-Verlag GmbH, DE, ein Teil von Springer Nature 2020
G. Lattermann, *Chemiepark*,
https://doi.org/10.1007/978-3-662-62174-5_4

Boileau.[3] [1, 2] Sie war zu dieser Zeit unter vielem anderen eine der europäischen Kapazitätinnen auf dem Gebiet der physikalischen Chemie der anionischen Polymerisation.

Quecksilber I

An meinem ersten Tag im Labor suchte ich nach üblichen Teilen von Glasapparaturen, um zunächst einen präparativen Ansatz vorzubereiten. In Mainz war jeder Laborschrank voll davon gewesen. Ich öffnete also erwartungsvoll die erste Schublade. Darin fand ich nichts weiter außer mindestens 10 Zigarettenkippen und drei ca. 1 cm große Quecksilber-Kugeln, die – neben zahlreichen kleineren – munter durch die Asche rollten. Rauchen im Labor war zu dieser Zeit erlaubt, und da es an Aschenbechern aber nicht an leeren Schubladen mangelte, wurden die Zigaretten dort entsorgt, ebenso wie manches andere. Ich hatte die damaligen Umweltstandards in Mainz, von denen es ein langer Weg bis heute war, schon geschildert. Aber dieser erste Arbeitstag in Paris ließ da nochmal ganz andere Maßstäbe sichtbar werden.

Apparatives

Die dortige Hauptarbeitsrichtung war die ‚lebende' anionische Polymerisation (s. das ‚Blaue Wunder') von bestimmten Standardpolymeren. Hierzu wurde unter allergrößter Sauberkeit und Reinheit mithilfe sogenannter ‚break-seal'-Apparaturen, gearbeitet. Sie waren vom ‚Papst der anionischen Polymerisation' **Michael Szwarc**[4] [3]

---

[3]Dr. **Sylvie Boileau,** Directeur de Recherche au CNRS. (Université Pierre et Marie Curie, Paris VI; später: Institut de Chimie et des Matériaux Paris-Est, Thiais).

[4]Prof. Dr. Dr.h.c. **Michael Szwarc** (1909–2000), Prof. State University of New York in Syracuse: 1952–1979.

entwickelt worden. **S. Boileau** hatte diese Technik bei
ihm gelernt. Es handelte sich um vollständig geschlossene,
hoch evakuierte, meist röhren- oder ampullenfömige
Glasteile, die miteinander zu kompliziert verzweigten
Apparaturen verschmolzen wurden. Wer selber noch
keine Glasbläsertechnik im Allgemeinen und diese im
Besonderen kannte, musste zunächst ausgiebig lernen
und üben. Ich hatte also nach langer, harter Arbeit eine
Konstruktion mit vielen angeschmolzenen Ampullen,
Büretten und Kölbchen voller verschiedener Reaktions-
stoffe, die zuerst auch noch alle hergestellt werden
mussten, aufgebaut. Dieser so genannte ‚Christbaum'
(‚arbre de Noël') thronte wunderschön an zwei Stativ-
klammern übereinander befestigt, an meinem Labortisch. Ich war sehr stolz auf ihn. Bei einer letzten
Glasblaseaktion stellte ich nicht in Rechnung, dass die
Halteklammern nicht – wie von Mainz gewohnt – aus
Eisen, sondern aus Aluminium waren. Der Schmelz-
punkt beider Metalle unterscheidet sich um fast 900 °C
(Aluminium: 660 °C). Jedenfalls reichte die Temperatur
der Gebläseflamme aus, die Aluminiumklammern – als
ich ihnen unvorhergesehener Weise zu nahekam – so zu
schmelzen, dass die gesamte Glasapparatur überkippte
und mindestens 2 Monate Arbeit in Sekunden auf dem
Labortisch zerschellten. Die mitfühlenden Worte meiner
französischen Kollegen, das sei jedem von ihnen auch
schon öfter passiert, konnten mich während mehrerer
Tage eigentlich nicht trösten. Meiner Anregung, Eisen-
klammern anzuschaffen, war leider kein Erfolg beschieden.

Ansonsten war das Jahr in Paris eines der schönsten –
nicht nur in meinem Chemiker-Leben.

Mainz, 1977–1978

Zurück in Mainz wurde ich wieder in den Arbeitskreis von **H. Höcker** aufgenommen. Ich wollte mich ab dieser Zeit beginnen, zu habilitieren.

Konspiratives

Eine kleine Begebenheit sei aus dieser kurzen Periode erzählt. **H. Höcker** hatte durch meine Vermittlung eine Postdoktorandin aufgenommen, die ihre Promotion zur Zeit meines Aufenthalts im Labor von **P. Sigwalt** beendet hatte. Eines Tags rief mich **H. Höcker** zu sich, da wäre jemand, der an ihn herangetreten sei und auch mir ein paar Fragen stellen wolle. Ein Herr im Trenchcoat saß mir dann gegenüber und erzählte von meiner Pariser Zeit. Ich merkte verwundert, dass er bestens informiert war: über das Labor, die dortige Arbeitsgruppe, mein Ankunftsdatum, meine Abreise, meine Wohnadresse, wen ich dort kannte und womöglich wen nicht und vieles andere mehr. Es drehte sich allerdings wohl nicht um mich, sondern um die Pariser Postdoktorandin. Sie stammte ursprünglich aus einem Land hinter dem Eisernen Vorhang (Kalter Krieg, mittlere Breschnew-Ära) und hätte – nicht näher präzisierte – Kontakte aufgenommen zu einem jungen Attaché ihrer Pariser Botschaft, der spionageverdächtig war. Der Herr im Trenchcoat selbst kam vom Verfassungsschutz und wollte jetzt anscheinend ihre Spur in Mainz weiterverfolgen. Ich konnte mir eine konspirative Tätigkeit ihrerseits kaum vorstellen, da die bereits abgereiste Kollegin zwar gewöhnlich etwas hartnäckig, sonst aber fromm und sanft wie ein Lamm war und wie in ihrem Land üblich, ausnahmslos jeden Sonntag zur Messe ging. Aber vielleicht war dies ja nur eine besonders gelungene Tarnung gewesen?

Jedenfalls war ich einerseits beruhigt über dieses sichtbar gewordene, große Ausmaß an deutsch-französischer Kooperation, andererseits wussten wir, dass ab dieser Zeit **H. Höcker** und ich beim Verfassungsschutz aktenkundig waren – wenigstens als Karteileichen.

Letzte Mainzer Zeit

In diese Mainzer Zeit fiel auch meine dritte Vorlesungsassistenz (1977–1978), diejenige bei **R. C. Schulz** (s. Diplomandenzeit). Wir nannten ihn zur Unterscheidung von ‚**G. V.**' (s. oben) kurz ‚**R. C.**'. Bei ihm kann ich keine besonderen Vorkommnisse vermelden.

R. C. Schulz habe ich aber noch deshalb in besonderer Erinnerung, da wir uns sehr viel später (2003) auf der 31. Arbeitstagung Flüssigkristalle in Mainz nach meinem dortigen Vortrag [4] trafen. Er schrieb mir nach einiger Zeit, dass er noch im selben Jahr in Düsseldorf auf einer Tagung der Fachgruppe Makromolekulare Chemie der GdCh einen Vortrag über Geschichte der Kunststoffe halten wolle und bat um ein paar Daten und Fakten hierfür. **R. C. Schulz** war einer der ganz wenigen Polymerchemiker, die ich kenne, die sich für Kunststoffgeschichte aktiv interessierten. Der zweite ist **Dietrich Braun**[5,6,7] langjähriger Präsident des Kunststoff-Museum-Vereins, seit 2005 Gründungs- und langjähriges Vorstandmitglied der Deutschen Gesellschaft für Kunststoffgeschichte dgkg.

---

[5]Prof. Dietrich Braun wird 85, Farbe und Lack, 2015. URL: https://www.farbeundlack.de/Markt-Branche/Koepfe-Karrieren/Prof.-Dietrich-Braun-wird-85

[6]Übernahme der Bibliothek von Professor Dietrich Braun, Eisenbibliothek, 2016, URL: https://www.eisenbibliothek.ch/content/gf/ironlibrary/de/ironlibrary/news/news/sammlung_braun.html

[7]Prof. Dr. Dr.h.c. **Dietrich Braun** (*1930), Promotion und Habilitation bei W. Kern, Mainz. Direktor des Deutschen Kunststoffinstituts, Darmstadt: 1969–1999; Prof. Makromolekulare Chemie TU Darmstadt: 1977–1999.

München, 1978

Im Frühjahr 1978 erhielt **H. Höcker** eine Ernennung an die Ludwig-Maximilians-Universität München (LMU). Er sollte dort zusammen mit drei Mainzer Mitarbeitern (mich eingeschlossen) in einem etwas abgelegenen Gebäudeteil des Chemischen Instituts in der Karlstraße die allererste Professur für Makromolekulare Chemie an der LMU aufbauen.

Umzug I

Wir zogen in drei völlig ausgeräumte, vormals anorganische Labors ein und begannen mit Planungen und Bestellungen, vom ersten Spatel bis zur Geräte-Grundausstattung. Durch den Zeitaufwand, zusammen mit einer umfangreichen privaten Wohnungs-Renovierung und dem Umzug meiner Familie (die beiden jungen Kollegen wohnten die ersten Monate ebenfalls noch bei uns), kam in dieser Zeit niemand zu regulärem wissenschaftlichem Arbeiten.

Atmosphärisches

Obwohl alle stolz auf die Herkunft aus der ‚Mainzer Schule' der Makromolekularen Chemie waren, kamen wir uns in München irgendwie als Vertreter einer immer noch etwas abseitigen, nicht allzu hoch angesiedelten *„Schmierenchemie"* [5] und außerdem tief provinziell vor. In jedem Kubikzentimeter Atmosphäre schwebte dort der üppige, nachhaltige Duft der prächtigsten Blüten der klassischen organischen Chemie – Justus von Liebig, Adolf von Baeyer, Richard Willstätter, Heinrich Wieland und

Rolf Huisgen.[8,9] Unter ihnen befanden sich drei Nobelpreisträger. Uns kam es jedenfalls so vor, als ob das ausgeprägte Treibhausklima selbst die zarten Sprösslinge der studentischen Seminarvorträge in diese Höhen keimen lassen sollte.

Da man auch nicht immer nur bestellen und nach Anlieferung einräumen kann, verbrachten wir unsere Mittagszeit manchmal im Augustinerkeller in der nahen Kaufinger Straße oder spazierten bis zum Marienplatz. Von daher zeigte sich uns München von einer ausgesprochen angenehmen Seite.

Im Herbst 1978 hatte diese Idylle ein abruptes Ende. **H. Höcker** – für seine Mitarbeiter eher unerwartet – erhielt einen Ruf auf den Lehrstuhl für Makromolekulare Chemie I an der Universität Bayreuth. Er nahm ihn an.

Literatur

1. Sylvie Boileau, Georges Champetier, Pierre Sigwalt, *Mécanisme de l'amorçage de la polymérisation des épisulfures par le naphthalène-sodium*, Journal of Polymer Science Part C, Polymer Symposia (1967), 16, S. 3021–3031.
2. François Ganachaud, Sylvie Boileau, Bruno Bourry, (Hrsg.), "Silicon Based Polymers – Advances in Synthesis and Supramolecular Organization", Springer Sciences & Business, Luxemburg, Berlin etc. 2008.
3. Michael Szwarc, *Living polymers and mechanisms of anionic polymerization*, in "Living Polymers and Mechanisms of

---

[8]Prof. Dr. Dr.h.c. mult. **Rolf Huisgen** (* 1920), Prof. Univ. Tübingen: 1949–1952, Prof. Ludwigs-Maximilians-Univ. München: 1952–1988.

[9]Prof. Dr. Rolf Huisgen, em., LMU Fakultät für Chemie und Pharmazie; URL: https://www.cup.lmu.de/de/departments/chemie/personen/prof-dr-rolf-huisgen-em

Anionic Polymerization", Advances in Polymer Science (1983), 49, S. 1–177.

4. Günter Lattermann, *Liquid Crystalline Low Molecular and Polymeric Pyridinium Compounds*, 31. Arbeitstagung Flüssigkristalle, Mainz; Germany, März 2003.

5. Hermann Staudinger, *Arbeitserinnerungen*, A. Hüthig Verlag, Heidelberg 1961, S. 77.

Bayreuth, 1978–2008

Nach insgesamt 24 Mainzer Jahren schloss sich für den Autor ein 30-jähriger Zeitraum in der Makromolekularen Chemie, Universität Bayreuth an. Bayreuth prägt jeden. Warum wird am Anfang dieses Kapitels beschrieben. Gerade auch in Bayreuth sammelte sich ein Fülle von farbenfrohen und saftigen Anekdoten und Geschichten an, von Einheimischen, dem universitätsansässigen Personenkreis, aber auch mit international berühmten Größen der makromolekulare Chemie wie beispielsweise dem Nobelpreisträger P. J. Flory oder dem ‚Papst der anionischen Polymerisation' M. Szwarc.

G. Lattermann, *Chemiepark*,
https://doi.org/10.1007/978-3-662-62174-5_5

1978–1982

Umzug II

Wir packten also abermals unsere Sachen und zogen im Herbst 1978 nach Bayreuth.

Der Neubau Naturwissenschaften I der 1972 neu-gegründeten Universität war gerade fertiggestellt worden, aber noch nicht eingerichtet. Wir mussten zwar auch hier vom ersten Spatel an alles neu bestellen, waren aber durch die Münchner Zeit schon etwas eingeübt. Dennoch benötigten wir ca. 1½ Jahre bis alles – Praktika etc. inklusive – aufgebaut war, der Lehrbetrieb aufgenommen und die eigenen Arbeiten begonnen werden konnten.

Die Stadt

Wie war Bayreuth zu dieser Zeit? Die oberfränkische Bezirkshauptstadt, damals seit ca. 165 Jahren unfreiwillig in Bayern gelegen, Garnisons- und Beamten-stadt, ursprünglich kaum Industrie, keine durch-gehende Universitätstradition, war für viele der neuen Universitätsangehörigen so etwas wie ein Exil: manche, (besonders Ehefrauen, es sollen sich da mittelfristig erheb-liche Dramen abgespielt haben!) empfanden nach Ver-lust ihrer Heimat den Aufenthalt als Verbannung in ein unbekanntes Territorium: ‚Bayerisch-Sibirien' (damals gab's noch Winter mit −15 bis −20 °C!).

Auf der anderen Seite war Bayreuth für drei Monate der Mittelpunkt der Welt, jedenfalls der musikalischen – ok, jedenfalls aller nationalen und internationalen Wagner-Fans. Davon profitierten die zugereisten Universitätsangehörigen aber erst nach Jahren. An Karten für die Wagnerfestspiele kam ja damals kaum jemand heran.

Ansonsten war fast alles neu und unbekannt, die Gegend, die Sprache, die Mentalität.

Die Gegend

Wir wussten zu dieser Zeit höchstens, dass eine nebulöse Gegend namens Oberfranken mit Bayreuth ‚ganz hinten im Osten' von West-Deutschland, am Eisernen Vorhang, im toten Winkel lag. Im Norden verlief die Grenze zur DDR, passierbar ohne Verwandte in der ‚Zone' nur für den Transit nach Berlin. Im Osten befand sich die dichte Grenze zur ČSSR. Die Autobahn A9, Bayreuth in Nord-Süd-Richtung durchschneidend, war am helllichten Tage daher so leer, wie im Rhein-Main-Gebiet eine Autobahn nur montagsnachts um 3:00 Uhr. Die heutige A 72 nach Dresden hörte damals drei Kilometer hinter dem Abzweig bei Hof an einem Sandwall vor der Grenze auf und wurde eigentlich nur von den Bauern zur Fahrt auf ihre Felder genutzt.

Infolgedessen entspann sich 1979 bei der ersten miterlebten Bayreuther Immatrikulationsfeier folgender Dialog zwischen **H. Höcker** und einer Studentin. Höcker: *„Das ist aber schön, dass Sie sich für die Chemie interessieren. Wo kommen Sie denn her?"* Studentin: *„Aus Waldsassen".* Höcker: *„??? Wo ist das denn?".* Studentin: *„Ca. 60 km östlich von Bayreuth".* Höcker (herausplatzend): *„Was, geht's denn **noch** östlicher als Bayreuth?"*

Hans-Ludwig Krauss,[1] [1,21] Anorganiker der ersten Stunde in Bayreuth, stellte die Region folgendermaßen vor: *„Oberfranken ist uraltes Kulturland".* Überraschte Blicke der Zuhörer. *„Sie kennen ja den Ort **Theta** hinter*

---

[1]**Prof. Dr. Hans-Ludwig Krauss** (1927–2013), Prof. Univ. München: 1966–1970, Prof. Univ. FU Berlin: 1970–1976, Prof. Univ. Bayreuth: 1976–1993.

Bayreuth und die gleichnamige Landgaststätte [wunder-schöner traditioneller Treffpunkt vieler Künstler und Gäste während der Wagner-Festspiele]. *Der Name zeigt also, dass nicht nur die Römer an den Rhein, sondern auch die alten Griechen bis nach Oberfranken gekommen sind".*

Die Sprache

Die ersten Monate hörten wir keinen Unterschied zwischen dem, was wir als bayerisch zu kennen glaubten und dem Fränkischen. In beiden Idiomen begrüßt man sich den ganzen Tag über mit *„Grüß Gott"* und das R wird gerollt. Die Unterschiede wurden uns erst allmählich offenbar. So gibt es im Fränkischen keine harten Konsonanten. Das heißt, es gibt kein P, T oder K, sondern nur ‚harte' (‚hadde') ‚B's, ‚D's und ‚G's und dann natürlich auch die zugehörigen original-weichen (‚waasche').

In der Uni-Verwaltung, beim Anlegen des Personalbogens, sprach mich der zuständige Bearbeiter folgendermaßen an: *„Herr Dogder, Sie haaßn also Laddermann, mit zwaa hadde D".*

Ich bestellte Vakuumpumpen. Anruf bei der Beschaffungsabteilung: *„Wie läuft eine Bestellung ab? Holen Sie da verschiedene Angebote ein?"* Bearbeiter: *„Ja".* Ich: *„Gut. Wir bräuchten 10 Pumpen, Typ X der Firma Y".* Bearbeiter (wiederholend): *„10 Bombn, Dübb Iggs der Firma Übsilon".*

Nun muss man wissen, dass Chemiker von Zeit zu Zeit Gase verbrauchen, wie Stickstoff, Sauerstoff, Wasserstoff, Argon etc., aus eisernen Druckflaschen, die sie Gasbomben oder kurz ‚Bomben' nennen. Die hatten wir aber schon bestellt. Ich also: *„Nein, keine 10 Bomben, sondern 10 Pumpen!",* Bearbeiter: *„Soch ich fei doch, 10 Bombn, mit zwaa hadde B".*

Die anfängliche Kommunikation mit den Urein-
wohnern war also manchmal etwas mühselig und beladen.
Und bis die zugereisten Studenten verstanden, was
Bizza und Bommes waren, hatten sie vermutlich schon ein
paar Kilo abgenommen.

Eine andere, noch weitreichendere Sprachdifferenz
war die Zeitankündigung. Im Südwesten Deutschlands
unterteilten wir die Uhr nach z. B.: 4 Uhr, Viertel nach
4, halb 5 und Viertel vor 5. In Oberfranken zählt man
4 Uhr, viertel 5, halb 5 und drei viertel 5. Während die
Umstellung bei den zwei letzten Teil-Zeiten problemlos
verlief, hakte es immer bei den allermeisten Zugereisten
mit dem *„viertel X"*: da spielten sich mancherlei Dramen
ab, weil man immer eine halbe Stunde später ankam,
nämlich um ‚Viertel *vor* X' statt um *„viertel X"* (d. h.
‚Viertel *nach X-1'*). Ich glaube, daran habe ich mich nach
42 Jahren noch immer nicht gewöhnt.

Die Mentalität

Der Oberfranke ist von Natur aus eher abwartend,
zurückhaltend, ruhig und bescheiden. Er stellt sein Licht
lieber etwas unter den Scheffel, als dass er auf*trump*(f)t (eine
heutzutage in anderen Teilen des Landes und der Welt
seltener gewordene Tugend).

Wenn Sie in der Bäckerei ein Brötchen kaufen wollen, ver-
langen Sie als Oberfranke: ‚Ein wenig ein kleines Brötchen',
im Originalklang: *„A weng a klaans Weggla"*. An eine solche
freiwillige, sprachliche Dreifach-Schrumpfung musste man
sich erst einmal gewöhnen, merkte jedoch schnell, dass die
Brötchen selbst genauso groß waren wie anderswo.

In unserem beruflichen Alltag wirkten sich diese Eigenheiten nicht weiter schlimm aus. Erstens war unter all
den Zugereisten das regionale Idiom nicht verbreitet
und zweitens neigt in akademischen Institutionen kaum

jemand freiwillig zur Selbstschrumpfung – meistens ist das Gegenteil der Fall, was allerdings zur Folge haben kann, dass die Umgebung geschrumpft wird. Das ist aber kein oberfränkisches Phänomen.

Mensa

Die Bayreuther Universität war zu dieser Zeit noch voller Provisorien.

Zum Beispiel befand sich die Mensa für die damals noch geringe Zahl an Studenten, Lehrpersonen und Verwaltungsangehörigen in einem Gewächshaus – dem heute noch bestehenden ‚Glashaus' – ohne Küche und sonstige Infrastruktur. Das Essen wurde in Kübeln aus der entfernt liegenden, ehemaligen Pädagogischen Hochschule herangefahren. Die Tabletts, Teller, Bestecke und Becher bestanden aus dünnem Polystyrol. Das alles wurde nach der eigentlich immer lauwarmen Mahlzeit samt Essensresten, Knochen und Papierservietten am Ausgang in eine Maschine, die wir *„Big Cruncher"* nannten, gekippt und geräuschvoll zerhäckselt. Was mit diesem unsortierten, unappetitlichen Müll geschah, wollten wir uns eigentlich an keinem neuen Tag vorstellen.

Brenzliges

Einen ganz anderen Vorfall aus dieser Anfangszeit möchte ich noch berichten, da er vielleicht unser damaliges, neues Domizil vor der allzu frühen Zerstörung rettete. Für die mittlerweile wieder angewachsene Gruppe **H. Höckers** war eines Abends Arbeitskreisbesprechung angesetzt. Wir gingen gemeinsam durch die Flure zum Seminarraum. Auf halbem Wege stieg mir plötzlich ein ganz leichter Rauchgeruch in die Nase. Die Kollegen nahmen – trotz Nachfrage – nichts wahr und gingen weiter. Ich wurde unruhig, persönliche Alarmglocken begannen innerlich zu schrillen. Da ich wusste, dass meine Nase für die meisten

Gerüche schon immer besonders empfindlich war, blieb ich zurück und versuchte die Herkunft des Raucharomas zu lokalisieren. Bald kroch ich auf allen Vieren am Boden entlang, wo die Konzentration offen ,*riechlich*' etwas erhöht war und schnupperte unter verschiedenen Türspalten hindurch. Glücklicherweise konnte mich dabei niemand beobachten. Nach der fünften Tür war ich sicher, da roch es etwas stärker. Da sie verschlossen war, rannte ich zum Sekretariat, holte den Hauptschlüssel und öffnete. Dahinter lag ein Putzraum. Aus einem gut gefüllten Papierkorb, in den eine Reinmachefrau die Aschenbecher ausgeleert hatte (damals gab es noch kein Rauchverbot in öffentlichen Gebäuden), stieg unter einem Wust von Papierblättern ein dünnes Rauchfähnchen auf, eine der weggeworfenen Zigarettenkippen schwelte noch. Die sehr wahrscheinlich nachfolgende Entflammung hätte unbemerkt über Nacht in unserem Chemie-Gebäude schlimme Folgen haben können. So rechtfertigte ich jedenfalls die versäumte Besprechung, auf der ich einige Funktionen hätte erfüllen sollen.

Ab diesem Zeitpunkt erging die allgemeine Anordnung an den Putzdienst, dass Aschenbecher nicht mehr einfach in die Papierkörbe ausgekippt werden durften. Ein generelles Rauchverbot wurde erst später, ab ca. den 1990er Jahren, erlassen.

1982–1984

Umzug III

Die Lehrstuhlräume im Bau Naturwissenschaft I waren allerdings wiederum nur eine weitere Zwischenstation. Unser eigentliches Domizil im Gebäude Naturwissenschaften II war gerade im Rohbau begonnen worden und wurde 1982 fertiggestellt.

Wir bauten ab, packten wieder ein, transportierten alles in den Neubau und packten dort wieder aus, räumten ein und bauten auf – während insgesamt ca. sechs Monaten.

Nobelpreisträgervortrag Flory, 1982

Quasi zur Einweihung hatte **H. Höcker,** der sich von 1966–1968 im Arbeitskreis von **Paul J. Flory**[2,3] [2] in Stanford, Kalifornien aufhielt, versucht, diesen zu einem Vortrag nach Bayreuth einzuladen. Nach einigen Anläufen sagte der berühmte amerikanische Nobelpreisträger zu, 1982 nach Oberfranken zu kommen.

Ich schrieb für die Pressestelle der Universität eine Mitteilung, die sogar in der Lokalzeitung ankündigte,[4] wer da in Bayreuth einen Vortrag über *„Flüssig-Kristallinität in Polymeren"* halten würde. Das Thema war im Prinzip hochaktuell, da die Flüssigkristallforschung, die später zwischen 2001 und 2006 zum Ersatz der Brownschen Röhren durch LCD-Flachbildschirme führte, in rasanter Entwicklung steckte.

Niemand konnte jedoch ahnen, dass **P. J. Flory** aus seinem kurz darauf erschienenen, wahrscheinlich letzten ‚Alterswerk': *„Die Molekulare Theorie der Flüssigkristalle"* [3] berichten würde.

Der Vortrag in der Makromolekularen Chemie war jedenfalls schlichtweg eine Katastrophe. Fast niemand der massenhaft erschienenen Zuhörerschaft verstand etwas von dem Universum an mathematischen Formeln, die so lang, komplex und überaus zahlreich waren, dass

---

[2]Prof. Dr. Dr.h.c. mult. **Paul J. Flory** (1910–1985), Prof. Cornell University: ab 1948, Prof. Stanford University, USA: 1961–1975, Nobelpreis für Chemie 1974.

[3]URL: https://www.nobelprize.org/prizes/chemistry/1974/flory/biographical

[4]*Nobelpreisträger kommt – Prof. Flory (USA) hält Vortrag an der Uni*, Nordbayerischer Kurier, 30.06.1982

man außer der aufklappbaren Wandtafel auch noch alle Hörsaalwände hätte damit beschriften können. Für die Studenten war das nicht weiter schlimm, die waren es ja gewöhnt, nicht immer gleich alles zu kapieren. Aber für den versammelten chemischen Lehrkörper war das eine derart ungebührliche Zumutung, dass man – soviel ich weiß – mehrheitlich der Meinung war, zukünftig Vortragende bezüglich des Themas doch bitte nicht mehr ‚blanco' einzuladen und sei es auch ein Nobelpreisträger.

Besuch Szwarc, 1982

Zu einem späteren Zeitpunkt war **M. Szwarc** (‚Papst der anionische Polymerisation', s. Paris, 1975–76) zu einem Vortrag nach Bayreuth eingeladen worden. Ich holte ihn mit meinem Auto vom Frankfurter Flughafen ab.

Als kleiner, zierlicher Herr versank er zwar im Beifahrersitz, aber wir hatten anfangs eine lebhafte Unterhaltung, wenn auch nicht ganz auf Augenhöhe. Als wir dann aus dem starken Verkehrsaufkommen auf der Autobahn um Frankfurt herauskamen und ich mit meinem damaligen Peugeot zügiger, bis zu moderaten 140 km/h fuhr, wurde **M. Szwarc** zunehmend unruhiger und zog sich immer mehr bis fast unterhalb der Windschutzscheibe in seinen Sitz zurück. Schließlich fragte er höflich herauf, ob ich nicht doch etwas langsamer fahren könne, er sei eigentlich nur die in den USA seit der Ölkrise 1973/74 auf den ‚Interstate Highways' eingeführte Höchstgeschwindigkeit von 55 mph (89 km/h) gewöhnt. Ich reduzierte dann auf ca. 100 km/h. An seine Blicken erkannte ich, dass ihm das immer noch zu viel war und argumentierte, noch langsamer zu fahren sei auf den damals noch zweispurigen deutschen Autobahnen ein großes Sicherheitsrisiko und sehr gefährlich. Angesichts unserer Einkeilung zwischen schweren Lastwagen und aller links vorbeiflitzenden anderen Personenwagen fand er sich dann, offensichtlich noch nicht völlig überzeugt, mit unserem Reisetempo ab.

Nach seinem sehr interessanten Vortrag gab er in der angeregten Nachsitzung den gesamten Abend Rechenrätsel auf und stellte allerlei trickreiche Streichholzspiele vor. Das war anscheinend seine Art, die Intelligenz vor allem seiner jüngeren Gesprächspartner zu testen.

Institut für Polymerforschung, 1982

In dieser Zeit hatte die Max-Planck-Gesellschaft den Entschluss gefasst, ein neues Institut für Polymerforschung zu gründen. Am Ende waren zumindest theoretisch drei mögliche Standorte zur Auswahl übriggeblieben – Mainz, Freiburg und Bayreuth.[5] An allen drei Plätzen gab es bedeutende Vertreter der immer noch relativ selten betriebenen Makromolekularen Chemie – alle mehr oder weniger aus der ‚Mainzer Schule'.

Der Ordnung halber kam **Gerhard Wegner**[6,7,8] dann auch nach Bayreuth, um sich die Lokalität anzuschauen.

Als er seinen Vortrag mit den launigen Worten begann, dass die Zugfahrt nach Nürnberg ja recht angenehm verlaufen sei, er dann aber im Dieselzug auf der teilweise eingleisigen Nebenstrecke nach Bayreuth trotz der 7 Tunnel und bei 25 Überquerungen von Flüsschen und Bächen in den engen, gewundenen Tälern der Fränkischen Schweiz ergiebig viel von dieser so unberührten Landschaft mit ihren verstreuten, einsam liegenden Dörfern gesehen

---

[5]Pressestelle der Universität Bayreuth, Protokoll der Sendung *„Franken aktuell"* (1982), 15. November 12:05 Uhr.

[6]Prof. Dr. Dr.h.c. **Gerhard Wegner** (*1940), Prof. Univ. Freiburg: 1974–1984, Direktor MPI für Polymerforschung und Prof. Univ. Mainz: 1984–2008.

[7]URL: http://www.adwmainz.de/mitglieder/profil/prof-dr-rer-nat-dr-hc-gerhard-wegner.html

[8]URL: https://idw-online.de/de/news277968

hätte, er sich somit eher in den urwüchsigen, wilden Karpaten wähnte und deshalb auf dem kleinen Bayreuther Bahnhof Knoblauchstränge an den Pfeilern der Bahnsteig-Überdachung als Schutz vor Graf Dracula erwartet hätte, war auch dem Letzten klar, dass Bayreuth keine wirklichen Standort-Chancen hatte.

Ob **G. Wegner** jemals die Bayreuther Festspiele besucht und ihre ‚Weltstadt-auf-Zeit'-Atmosphäre (s. Bayreuth 1978–2008: 1978–1982: Die Stadt) genossen hatte, ist unbekannt. Jedenfalls amtierte er dann ab 1984 als einer der zwei Gründungsdirektoren des MPI für Polymerforschung in Mainz.

U-Turn 1983/84

Hans Wolfgang Spieß[9,10] wurde 1983 auf den Lehrstuhl Makromolekulare Chemie II in Bayreuth berufen, erhielt aber bald danach die Bestellung als Direktor des MPI für Polymerforschung in Mainz (s. Institut für Polymerforschung, 1982). Er legte praktischerweise seine Bayreuther Antritts- und Abschiedsvorlesung zusammen. Wir nannten das den „Spießschen U-Turn".

Frauenpower 1983

In etwa zur gleichen Zeit promovierte in Bayreuth eine Chemikerin. Sie hatte Verbindungen zu einem Mitglied unseres Arbeitskreises. Dadurch erhielten wir aus erster Hand Nachricht über den Ablauf eines unfassbaren, nahezu kulturrevolutionären Wendepunkts. Nach

---

[9]Prof. Dr. Dr.h.c. mult. **Hans Wolfgang Spieß** (*1942), Prof. Universität Mainz: 1978–1980; Prof. Makromolekulare Chemie II Bayreuth, 1983–1984; Direktor am Max-Plank-Institut für Polymerforschung Mainz: 1984–2012.
[10]URL: https://www.mpip-mainz.mpg.de/polymer_Spectroscopy;   URL: https://www.mpip-mainz.mpg.de/4364645/Awards-and-Lectureships

hervorragendem Abschluss ihrer Promotion, bewarb sie sich bei der BASF und wurde sofort angenommen. Allerdings nicht, wie bis dato für die noch relativ seltene Spezies ‚Chemikerin' üblich, auf einen Posten in Archiv, Dokumentation oder Bibliothek, sondern im Forschungslabor. Das hatte es vorher noch nie gegeben!

Einem verbreiteten Gerücht zu Folge, hätte daraufhin bei einer Reihe altge- und hochverdienter Direktoren konvulsive Schnappatmung eingesetzt und ihre Welt sei zusammengebrochen. Man habe sich hierauf große Befürchtungen um deren weitere persönliche Verfassung und Einsatzfähigkeit als auch um die zukünftige allgemeine Firmenentwicklung machen müssen. Über die kurz- und längerfristigen gesundheitlichen Folgen gab es damals leider keine offiziellen Mitteilungen. Die BASF ist aber seinerzeit nicht kollabiert, sondern bis heute laut Eigenaussage der größte Chemiekonzern weltweit.[11]

Amalgam

Eine besondere Begebenheit aus dem Arbeitskreis **H. Höcker** ist noch berichtenswert.

In meinem Labor war gerade ein gläsernes Manometer geplatzt. Das konnte mal nach einem kleinen, kaum sichtbaren Riss im Glas vorkommen. Das Manometer enthielt – wie damals üblich – Quecksilber, das sich schnell in Kügelchen auf dem Labortisch verteilt hatte. Es konnte mit Absorptionsmitteln wie Jodkohle oder Zinkpulver zumindest am weiteren Umherrollen gehindert werden. Zuvor war es jedoch sinnvoll, die Kügelchen auf einen Platz zu konzentrieren. **H. Höcker,** gerade anwesend, schob das Quecksilber mit der Hand zusammen [die

---

[11]URL: https://www.basf.com/global/de/careers/why-join-basf/basf-at-a-glance.html

Betriebsanweisung[12] zur Vermeidung von Hautkontakt mit Quecksilber war 1983/84 noch unbekannt, s. auch Vorlesungsassistenz Höcker, Quecksilberacetylid]. Als er danach auf seinen Ehering blickte, stellte er erschrocken fest, dass dieser nicht mehr golden, sondern silbern glänzte – eine Legierung von Gold und Quecksilber – Goldamalgam – hatte sich beim Kontakt beider Metalle gebildet.

Er erinnerte sich sofort an sein eigenes Lötrohr-praktikum (s. Praktikum: Das Lötrohr), wo in einem Versuch das Quecksilber aus Goldamalgam thermisch verdampft, ‚ausgetrieben' wurde. Ohne vorhandenes Lötrohr, besorgte er sich einen Gebläsebrenner, zum Erreichen einer notwendigen höheren Temperatur, als dies bei den ungenügenden, einfachen Bunsenbrennern möglich ist. Er zog den Ehering vom Finger und legte ihn auf ein Heiz-Drahtnetz mit hitzebeständigem Asbest. Wir beobachteten nun alle gespannt, wie er den Ring mit der Flamme vorsichtig umfächelte. Das Fächeln zeigte keinerlei Wirkung. Danach richtete er nach und nach die feine, zunehmend schärfer eingestellte Gebläseflamme immer direkter und schließlich vollständig auf den Ring. Langsam erschien der alte Goldglanz, die Silberfarbe verschwand. Und dann, ganz plötzlich – husch – verschwand auch der Ring. Er war zu einer Goldkugel zusammengeschmolzen. Nach ca. 1 min totaler Sprachlähmung auf allen Seiten, stieß **H. Höcker** hervor: *„Ach Gott, ach Gott, was sag ich jetzt meiner Frau?"*

Offensichtlich konnte er sie aber von dem Verschwinden des Eherings lediglich durch ein missglücktes

---

[12]Betriebsanweisung über Umgang mit Quecksilber/Amalgam gem. § 14 GefStoffV. URL: https://www.lzkth.de/lzkth2/ressources.nsf/($UNID)/387A7 93E80C3BFAAC1257CEE00443E82?OpenDocument&p=lzkth

Experiment doch noch überzeugen und ließ sich bald darauf ein Ersatzexemplar anfertigen.

Abschied

1985 nahm **H. Höcker,** der Begründer der Makromolekularen Chemie in Bayreuth, einen Ruf auf den Lehrstuhl für Textilchemie und Makromolekulare Chemie an der RWTH Aachen und die Position als Direktor des Deutschen Wollforschungsinstituts (DWI) an – für seine gesamte Umgebung unverhofft.

Noch am 18. Dezember 1984 organisierte ich einen Fackelzug, ein seltenes Ereignis an der 10 Jahre jungen Universität. *„Mehrere Dutzend Studenten nahmen am Dienstagabend* [...] *an einem Fackelzug teil, um Chemieprofessor Hartwig Höcker* [...] *zum Bleiben an der Universität Bayreuth zu bewegen".*[13] Der Zug endete mit dem dreifachen Ruf aus vollen Kehlen und Herzen: *„Lieber Höcker bleibe hier".* Aber der Aachener Ruf war attraktiver und daher trotz der Distanz lauter als unserer, die Leuchtkraft der RWTH größer als die der Bayreuther Fackeln, die ein in den Bleibeverhandlungen abgelehntes Bayreuther Institut für Materialforschung nicht kompensieren konnten: **H. Höcker** ging.

---

[13]*Fackelzug soll Chemieprofessor Höcker in Bayreuth halten,* Nordbayerischer Kurier, 20.12.1984, S. 11.

1985–1986

Zwischenzeit

Perylendiimide

Persönlich hatte ich in Bayreuth trotz der geschilderten Umstände und großen Unterbrechungen meine Habilitationsarbeit wieder aufgenommen. Mein Thema war ‚Reaktionen an kondensierten Aromaten'. Höher kondensierte Aromaten wurden funktionalisiert und mit möglichst langen Seitenketten versehen.[14] Diese wirkten als ‚innere Weichmacher' und sollten ermöglichen, mit kondensierten Aromaten erstmals die erst seit 1977 bekannten ‚diskotischen' Flüssigkristalle [4] zu erreichen. Zudem zeigte sich bald, dass durch die langen Seitenketten die meist unlöslichen Verbindungen ihre Kristallinität verloren und hoch löslich wurden.

In Substanz zeigten die Tetracarboxidiimide des Perylens und der höheren Aromaten mit Alkylenoxidseitenketten elastomere (Gummi-) Eigenschaften. Die starken, aromatischen Wechselwirkungen wirkten sich als Vernetzungspunkte in der amorphen, weichgemachten Matrix aus. Flüssigkristalline Eigenschaften erreichte ich damals erst in einem Falle – die genauen strukturellen Bedingungen dazu waren noch nicht genau bekannt und erst noch zu erarbeiten. Dies wurde dann ca. 13 Jahre später in anderen Arbeitskreisen realisiert. [5–8] Allerdings untersuchte ich die Löslichkeitseigenschaften und erstmals das faszinierende Fluoreszenzverhalten, dass sich 15

---

[14]Carbodiimide von *Anthracen, Phenanthren, Chrysen, Pyren, Benzpyren, Perylen, Starphen, Coronen bis zum Ovalen; Alkylen- oder Alkylenoxidseitenketten.*

Jahre später als wichtig für Photolumineszenz und photovoltaische Eigenschaften erwies [9–11] – das zweite Teilgebiet meiner Habilitationsarbeit.

Die Vorstellungsvorträge als Habilitand hielt ich in Bayreuth im Makromolekularen Kolloquium 1983, [12] und auf Einladung in Freiburg im Makromolekularen Kolloquium 1984. [13]

Vielleicht bedingt durch eine verstärkte Teilnahme an internationalen Kongressen und die beeindruckende Fähigkeit vor allem der Amerikaner – manchmal auch abgekoppelt von der Qualität – frei und selbstbewusst zu sprechen, begannen in dieser Zeit auch bei uns die Anforderung an die Vortragstechnik zu steigen. Da gute Rhetorik ja nicht angeboren ist, muss sie mühsam antrainiert werden. Reines Auswendiglernen eines schriftlichen Textes konnte zwar ein erster Schritt sein, war aber völlig ungenügend, da die Zuhörer rasch ermüden. Vorgelesen bzw. auswendig dargeboten folgt ein niedergeschriebener Satzbau völlig anderen linguistischen Regeln als das lebendig gesprochene Wort. Und die Sprachmelodie von Vorgelesenem und direkt Formuliertem unterscheidet sich fast so wie eine gelesene Partitur vom gehörten Musikstück.

Für meinen Freiburger Vortrag schrieb ich den Text zu den Bilderfolien (es gab noch keine Power Point Präsentationen) zunächst noch klassisch auf und lernte ihn. Dann versuchte ich – zu Hause um den Wohnzimmertisch kreisend – den Inhalt frei zu formulieren. Beim ersten Rundgang brauchte ich das mehr als Dreifache der vorgesehenen Zeit, viele Worte und die logische Satzentwicklung fehlten, der nächste Folieninhalt war nicht präsent etc. etc. Insgesamt waren die ersten drei Versuche ein Desaster, jedoch mit abnehmender Tendenz. Beim fünften Mal hatte ich dann eine Stufe erreicht, um in Freiburg vor ca. 700 Zuhörern und der gesamten

Prominenz der Makromolekularen Wissenschaften zumindest in Deutschland bestehen zu können. Solche Anfangsmühen gingen dann im Laufe der Jahre in gut geölte Routine über. Außerdem ersparten wir den späteren Studenten solche Mühe, in dem wir schon in frühen Semestern das freie Vortragen (mit Bildpräsentationen) ausführlich übten.

Der spätere Lehrstuhlinhaber Makromolekulare Chemie I in Bayreuth, **H.-W. Schmidt** (s. 1994–2008: H.-W Schmidt) erinnerte sich, noch als Mainzer Doktorand bei **H. Ringsdorf** diesem Vortrag Anfang 1984 in Freiburg zugehört zu haben.

Claus D. Eisenbach[15,16,17] (s. 1994–2008: Makromolekulare Chemie II) sprach mich am Ende der Konferenz in Freiburg an, ob ich nicht die sehr ähnlichen Arbeiten von Heinz Langhals[18,19] kenne, der sich vor kurzem (1981) mit dem Thema löslicher Perylencarboxidimde habilitiert und die Ergebnisse 1982 publiziert hätte? [14] Dies war genau in die letzte Umzugszeit innerhalb Bayreuths gefallen. Daher hatten wir – damals noch ohne digitalen SciFinder oder Google Scholar etc. – keine gegenseitigen Kenntnisse unserer Arbeiten gehabt.

---

[15]Prof. Dr. **Claus D. Eisenbach** (*1944); Prof. Univ. Freiburg: 1983–84, Prof. Univ. Karlsruhe 1984–1986, Prof. Univ. Bayreuth: 1986–1995, Prof. Univ. Stuttgart: 1995–2009.

[16]*Emeriti-Professors. Prof. Dr. rer. nat habil. Claus D. Eisenbach*, Institute of Polymer Chemistry. URL: https://www.ipoc.uni-stuttgart.de/institute/emeriti

[17]Vincentz Network, *Professor Dr. Claus D. Eisenbach*, Farbe & Lack (2004), 2, S. 100. URL: http://www.european-coatings.com/content/download/73252/945189/version/1/file/42385.pdf

[18]Prof. Dr. Heinz Langhals (*1948), Prof. Organische u. Makromolekulare Chemie, LMU München: 1984–2014.

[19]URL: https://www.cup.lmu.de/de/departments/chemie/personen/prof-dr-heinz-langhals

Damit war dieser Teil meines Habilitationsthemas ‚gestorben'.

Ich hatte durch alle Umzüge seit Mainz insgesamt 3 Jahre verloren, 1985 verließ **H. Höcker** Bayreuth, ich hielt den Lehrstuhl in Zwischenzeit bis 1986 während weiterer 1,5 Jahre mit einer ‚Notbesatzung' von zwei Technikern ‚am Laufen' (Grund- und Hauptpraktika) etc.

Nach dem ‚Wegfall' des größeren Teiles meiner Habilitationsarbeit, den insgesamt 4,5 Jahren Leerlauf und nachdem noch gravierende private Probleme hinzugekommen waren, gab ich mein Habilitationsvorhaben auf und warf alle Arbeitsergebnisse und Unterlagen – bis auf eine Folie und das Perylenelastomer-Präparat, die ich beide bis heute aufhob – tief frustriert weg.

Zu bemerken wäre noch, dass die H. Langhalssche Professur für Organische und Makromolekulare Chemie an der LMU München (1984–2014) vermutlich die direkte Nachfolge **H. Höckers** dort war.

Franz Josef Strauß

1985 sollte ein Plan weiterverfolgt werden, der schon in den Bayreuther Bleibeverhandlungen von **H. Höcker** eine Rolle gespielt hatte (s. Abschied, **H. Höcker**): ein Bayreuther Institut für Materialwissenschaften IMA/Entwicklungszentrum Polymerwerkstoffe EPW. Nach einem Jahr wurde dieses Projekt dann doch wieder aufgenommen und eine große Veranstaltung geplant, bei der sich alle Lehrstühle aus der Physik, Biochemie und anorganischen Chemie, die sich in Bayreuth mittlerweile mit Polymerthemen befassten, dem damaligen Bayerischen Ministerpräsidenten Franz Josef Strauß vorstellen sollten. Mir wurde bedeutet, welch außerordentlich große Ehre es sei, dass ich als Platzhalter der Makromolekularen Chemie teilnehmen dürfe.

Der große Tag kam. Eine beachtliche Abteilung von Sicherheitsbeamten hatte am Morgen jede Schublade in allen Labors kontrolliert. Danach durften wir diese nicht mehr benutzen. In den unterirdischen Verbindungsgängen zwischen den einzelnen Universitätsgebäuden waren ca. 400 Bereitschaftspolizisten postiert für den Fall, dass Studenten die gerade angelaufenen, heftigen Proteste gegen die Wiederaufarbeitungsanlage in Wackersdorf auch in Oberfranken fortsetzen wollten. Außer einem kleinen Grüppchen von ca. 20–30 Demonstranten blieb aber alles sehr ruhig. Vermutlich wussten die allermeisten, braven Bayreuther Studenten kaum, wer da auf ihrem Campus weilte.

Alles was Rang und Namen hatte versammelte sich auf den Fluren der (verwaisten) Makromolekulare Chemie I. Selbst die Firma Audi, Ingolstadt hatte einen Ausstellungsstand aufgebaut. Ich hatte zwei Schautafeln über mein Arbeitsgebiet Flüssigkristalle entworfen und aufwändig und prachtvoll anfertigen lassen müssen, einfache Poster kamen da überhaupt nicht infrage. Die Tafeln hingen noch lange danach in unserem Seminarraum.

Beim Rundgang des Ministerpräsidenten kam er auch an meinen Stand. Ich sprach zu ihm unter anderem über die aus flüssigkristallinem Zustand hergestellte Hochleistungsfaser ,Kevlar' (schusssichere Westen etc.). Er hörte sehr interessiert zu (vielleicht trug er eine?), während ich ihm erläuterte, dass das Material gleiche Zugfestigkeit wie Stahl habe, aber *„ein Sechstel so leicht"* sei. Franz Josef Strauß fragte mich sofort in beeindruckender Präsenz und linguistischer Präzision, ob ich nicht ,ein Sechstel des Gewichts' meinte. Ich musste dies bejahen, worauf er mir zufrieden die Hand schüttelte und weiterging. Ich überlegte kurz, ob ich mir dieses Gliedmaß, das den bayerischen Landesvater berühren durfte, in den nächsten Tagen wirklich waschen sollte.

1986–1993

Makromolekulare Chemie I

1986 nahm **Oskar Nuyken**[20,21] [15], von Mainz kommend, den Ruf auf den Lehrstuhl Makromolekulare Chemie I in Bayreuth an.

In den folgenden 6 Jahren herrschte eine überaus angenehme Atmosphäre produktiver Arbeitsteilung: **O. Nuyken** wollte sich in stärkerem Maße auf wissenschaftliche Aspekte konzentrieren. Für mich war so eine Art Geschäftsführerrolle an seinem Lehrstuhl vorgesehen. Zusätzlich hatte ich die Möglichkeit, wissenschaftlich selbstständig in eigenem Labor mit bis zu ca. sechs Mitarbeitern weiterzuarbeiten. Finanziert wurde dies durch eigene Normalanträge und Teilprojekte im Bayreuther Sonderforschungsbereich (SFB) der Deutschen Forschungsgemeinschaft DFG. **O. Nuyken** ermöglichte mir sehr aktiv die Fortführung meiner Arbeiten auf dem Gebiet der Flüssigkristalle, wobei aus SFB-Kreisen einmal verlautete: er habe sich in der Unterstützung meiner beantragten SFB-Projekte *„sehr stark aus dem Fenster gelehnt"*. Ich bin ihm tief dankbar dafür. Und tat meinerseits alles, was ich konnte, dass er nicht doch noch aus dem Fenster fiel. Jedenfalls erwies sich zukünftig mein ‚flüssigkristallines Kapitel' als sehr fruchtbar mit vielen neuen Abschnitten dieser Substanzklasse, darunter scheibchenförmige ‚Diskoten', erstmals Flüssigkristalle durch assoziative Kräfte (H-Brücken) bzw. Phasen-

---

[20]Prof. Dr.-Ing. **Oskar Nuyken** (*1939); Prof. Univ. Mainz: 1985–86, Prof. Makromolekulare Chemie I, Univ. Bayreuth: 1986–1992, Prof. TU München: 1992–2007.

[21]Supplement to the Treatise, *Wolfgang Runge, Polymaterials AG (2016), KIT, Karlsruhe 2016, S. 28.* URL: https://etm.entechnon.kit.edu/downloads/Polymaterials_AG.pdf

trennung, später flüssigkristalline Dendrimere und Gele. Zum Schluss kamen noch magnetische Gele hinzu. Insgesamt ergaben sich viele nationale und internationale Kooperationen und Kontakte. Einige, soweit Anekdoten betreffend, sind in den Kapiteln ‚Mitarbeiter, Gäste Kooperationen' und ‚Vorträge Konferenzen' erwähnt.

Autoklav, ca. 1987

Für die Synthese der Ausgangsverbindung einer neuen Substanzklasse scheibchenförmiger Flüssigkristalle [16, 17] griff ich auf eine Methode zurück, die ich in der Bayreuther Organischen Chemie kennengelernt hatte. Dazu waren Reaktionsbedingungen unter Druck, d. h. die Durchführung in einem Autoklav nötig, den ich dort benutzen durfte. Eines Tages war mir der notwendige Platinkatalysator ausgegangen. Ich bestellte sofort eine neue Portion. In der Zwischenzeit bat ich meinen Gewährsmann in der Organischen Chemie, mir ihren Katalysator auszuleihen, meiner käme ja in ca. drei Tagen per Post. Ich gäbe ihn dann zurück. Die Reaktion verlief erfolgreich wie üblich. Drei Tage später wurde ich dann aufgeregt angerufen, ob ich den Katalysator schon hätte, was ich bejahen konnte. Der Lehrstuhlinhaber **H. Gerlach,**[22,23] von dem die interne Saga berichtete, dass er die Betreuung seiner Mitarbeiter so intensiv betrieb, dass er sich mindestens genau so, wenn nicht besser als diese, im jeweiligen Chemikalienbestand und jeder Laborschublade auskannte, sei auf die Lücke im Regal aufmerksam geworden, wo sonst das kleine Fläschchen mit dem teuren Platinkatalysator stand. Von meinen Aktivitäten an seinem Lehrstuhl natürlich wissend, habe er

---

[22]Prof. Dr. **Hans Gerlach,** Prof. Univ. Bayreuth: 1978–1997.
[23]Ursula Küffner, *Prof. Gerlach geht in den Ruhestand,* URL: https://idw-online. de/de/news4275

daraufhin gerufen: „*Man bestiehlt mich! Der Lattermann war das!! Der kriegt Hausverbot!!!*" Ich übergab dann bei der erstmöglichen Gelegenheit meinem Gewährsmann das kostbare, neu gelieferte Fläschchen, er stellte es unauffällig an seinen Platz und verlautete dann schnellstens, das Fläschchen sei gefunden, lediglich der Standort vertauscht gewesen. Von da ab hatte ich wieder mein ungetrübtes Verhältnis zu **H. Gerlach,** und konnte viele weitere Autoklavensynthesen durchführen. Ich erhielt sogar ab und zu die neuesten Halteklammern für Reaktionsapparaturen (aus schweizer Kunststoff statt deutschem Stahl) mit Wohlwollen und großem Stolz geschenkt.

Krimi I

1988 hatten wir mehrere Krimis im laufenden Jahresprogramm.

Vorausschicken muss ich, dass damals die gesamten Stockwerke der Makromolekularen Chemie frei und jedermann zugänglich waren, da unser Seminarraum auch für Veranstaltung anderer Fakultäten genutzt wurde. Unbekannten zu begegnen, war also normal.

Eines nachmittags sah ich allerdings eine nicht zum Arbeitskreis gehörende Person, an die ich mich schlagartig erinnerte.

Schon 1980, in unseren ersten Bayreuther Räumen, öffnete ich eines Tages meine Labortür und sah einen wildfremden, jungen Mann vor meinen Geräten stehen. Auf meine verblüffte Frage, was er denn hier mache, antwortete er mir wie aus der Pistole geschossen, er suche die Fensterputzer, bei denen er anfangen wolle zu arbeiten. Ich komplimentierte ihn zu der tatsächlich drei Räume weiter außen tätigen Putzkolonne, deren Leiter mir sagte, dass er ihn kenne und er niemals bei ihnen aufgenommen werden würde. Nach einer Mahnung meinerseits, nie wieder eines unserer Labors unangemeldet zu betreten, entfernte er sich.

Nun, 8 Jahre später sah ich denselben Mann durch unseren Laborgang spazieren. Er bemerkte mich nicht, aber bei mir erwachte schlagartig der Jagdinstinkt. Ich verfolgte ihn in sicherem Abstand. Er verließ unseren Bauteil, bewegte sich über den Innenhof, schlenderte durch ein Stockwerk in der Physik, verließ dieses wieder und begab sich langsam in das Gebäude des benachbarten Botanischen Gartens. Ich immer unauffällig hinterher. Dort sah ich ihn in dem betreffenden Flur einen Moment lang nicht mehr. Doch dann öffnete sich von innen die Tür eines Büros und er trat heraus – für mich der entscheidende Moment. Ich stellte mich ihm sofort entgegen, erklärte ihm, dass ich ihn kenne, ihm gefolgt sei und fragte ihn, was er in diesem Büro zu suchen hätte. Er reagierte blitzschnell und wollte mir sein Knie in den Bauch rammen. Ich wich gerade noch rechtzeitig aus, stellte mich dann so breit ich konnte vor die einzige Tür zum Außengelände. Ich wusste, einmal draußen und mutmaßlich viel schneller als ich, wäre er sicherlich entwischt. Zugleich rief ich lauthals: *„Zu Hilfe, zu Hilfe"*. Aus einer nahen Tür steckte verschüchtert eine junge Studentin ihren Kopf heraus, aus einer anderen kam jedoch **Günther Rossmann**[24,25] [18] mit ‚Mini', beide eine beeindruckende Drohkulisse. **G. Rossmann,** ein zwar kleiner, etwas rundlicher, aber sehr energischer Herr (genannt ‚der Kugelblitz'), von immerwährender geistiger

---

[24]Prof. Dr. **Günther Rossmann** (1930–2011), Gründungsdirektor des Ökologisch-Botanischen Gartens der Universität Bayreuth: 1978–1996; Begründer einer der bedeutendsten Sammlung von Pflanzenfossilien (Paläobotanische Stiftung Rossmann, Bayreuth).

[25]*Stiftungsarchive in Deutschland.* URL: http://www.stiftungsarchive.de/archive/256

Präsenz und schnellem Verstand, erfasste sofort die Lage, mahnte den fürchterlich kläffenden Mini zur Ruhe mit dem Hinweis, er sei als Kampfhund ja so aggressiv und bissig. Mini war in der Tat ein kleiner Terrier, der bei jeder Gelegenheit (ich kannte ihn und sein Herrchen von Begegnungen im Botanischen Garten) unerträglich laut und wütend herumkläffte, wenn es darauf ankam. Unser Delinquent, gelähmt wie das Kaninchen vor der Schlange, verhielt sich ruhig, mittlerweile von weiteren Personen eingekreist. Ich erklärte kurz die Situation, **G. Rossmann** rief die Polizei, die auch 15 min später ankam und den Mann abführte. Einige Monate später erreichte mich eine Vorlage als Zeuge in einer Gerichtsverhandlung. Dabei stellte sich heraus, dass der Betreffende ein polizei- und justizbekannter Schul- und Turnhallendieb war, der schon allerlei in Garderoben etc. zusammengeklaut hatte. Da ich ihn ohne Beutegut, also nicht direkt *in flagranti,* sondern eigentlich zu früh erwischt hatte, erhielt er lediglich ein fortwährendes Hausverbot für die Universität. Von einer empfohlenen Anzeige wegen versuchter Körperverletzung sah ich ab.

Krimi II

Später im Jahr fanden wir eines morgens in einem Labor verschiedene Schläuche der Stickstoffgas-Zuleitung zu einer Apparatur, in der eine luftempfindliche Reaktion ablief, durchschnitten. Trotz meiner häufigen Mahnung in der damals gerade neu installierten Funktion als Sicherheitsbeauftragter, wurden die Labortüren abends häufig nicht abgeschlossen. Wir fanden nie die Ursache und den Grund für das ärgerliche Ereignis der durchschnittenen Schläuche, das den betroffenen Doktoranden ca. 3 Wochen Arbeit gekostet hatte.

Krimi III

Einige Wochen darauf meldete die Sekretärin, dass 400 D-Mark aus ihrer Schreibtischschublade verschwunden seien. In derselben Woche wurde ein Tischcomputer aus einem Labor als vermisst gemeldet, abends waren Flurwände beschmiert worden. Alarmiert, auch von den Schlauch-Ereignissen zuvor, benachrichtigten wir die Polizei, Anzeige wurde erstattet und ein Rentner nachts, während vier Wochen, als Beobachter in einem Raum mit angelehnt geöffneter Tür postiert. Leider ohne jeglichen Erfolg. Mein Vorschlag, dann wenigstens Kamera-Attrappen in den Fluren zu installieren, wurde als Einschränkung von Persönlichkeitsrechten der Mitarbeiter vom Betriebsrat der Universität abgelehnt. Ab dieser Zeit war dann allerdings der freie Zugang zu den Räumen der Makromolekularen Chemie eingeschränkt, was anfänglich große Bedenken der Verwaltung in Sachen Seminarraumverteilung und -nutzung hervorrief.

Sprachverwirrung

1990 lud **O. Nuyken** einen bekannten amerikanischen Polymerchemiker **Virgil Percec,**[26,27] zu einem Vortrag nach Bayreuth ein. Er erzählte uns, wie er zu Hause in USA seine aufs äußerte beunruhigte Sekretärin aufklären musste, dass er nicht in den Libanon fliege, in dem sich der tobende Bürgerkrieg gerade auf einem Höhepunkt befand. Er beschwichtigte sie mit den Worten, er gehe nicht nach *„Beirut in Lebanon, but Bayreuth in Upper Frankonia"*. Die Aussprache beider Orte kann im

---

[26]Prof. Dr. Dr.h.c. **Virgil Percec** (*1946), Prof. Case Western Reserve University, Cleveland, OH: 1982–1999. Prof. University of Pennsylvania, Philadelphia, PA, USA: ab 1999.

[27]*CV of Professor Virgil Percec,* 31 January 2019. URL: https://web.sas.upenn.edu/percecgroup/files/2019/02/CV-of-V.-Percec-2019-Jan-31-11k60hv.pdf

Amerikanischen kaum zu unterscheiden sein, wenn die Oberfrankenmetropole bei minderen Musik-Kenntnissen nicht allzu bekannt ist.

Abschied

1992 nahm **O. Nuyken** einen Ruf die TU München als Nachfolger seines Habilitationsmentors **Robert Kerber**[28,29] an. Im Abschiedsfest (September 1992) verglich ich seine Bayreuther ,Spielzeit' mit einem Episodenfilm, in dem außer den zahlreichen wissenschaftlichen Klassikern und Spitzenstreifen, in Bezug auf manche Mitarbeiter aber auch Abenteuer-/Actionfilme, Western, Krimis, Komödien, Erotikfilme, gelegentlich auch Trickfilme, Science Fiction Produktionen (manchmal mehr Fiction als Science), Kurzfilme und Werbefilme, abliefen – in der Chemie geht's eben zu wie im echten Leben.

Nachzutragen ist noch, das mir **O. Nuyken** einmal erzählte, dass er mütterlicherseits in direkter Linie von August Wilhelm von Hofmann[30,31], Schüler Justus von Liebigs und Begründer der Deutschen Chemischen Gesellschaft, abstamme – ein chemiegeschichtlich interessanter Vermerk.

---

[28]Prof. Dr. **Robert Kerber** (1925–2017), Prof. Makromolekulare Stoffe, TU München: 1973–1992.

[29]URL: https://www.ch.tum.de/en/faculty/staff/former-members/k/prof-dr-robert-kerber

[30]Prof. Dr. August Wilhelm von Hofmann (1818–1892), Prof. Chemisches Institut der Royal School of Miners, London: 1845–1864, Prof. Friedrich-Wilhelm-Universität Berlin: 1864–1892.

[31]URL: https://www.deutsche-biographie.de/sfz70179.html

1994–2008

H.-W Schmidt

1994 nahm **Hans-Werner Schmidt**[32,33] den Ruf an die Makromolekulare Chemie I in Bayreuth an.

Er ermöglichte die Arbeit von drei weiteren, wissenschaftlich selbstständigen Arbeitsgruppen, darunter meiner eigenen. Auch ihm bin ich deshalb zu großem Dank verpflichtet.

Bollerwagen

Zu dieser Zeit erfuhren unsere Promotionsrituale eine besondere Neuerung. Anfänglich hatte ein anderer Lehrstuhl – aus Göttingen kommend – in Bayreuth die Tradition eingeführt, den frischgebackenen Doktor in Begleitung des gesamten Lehrstuhls und aller sonstigen Anwesenden auf einem Bollerwagen herumzufahren. In Göttingen zog man aus langer Tradition die Frischgebacknen durch die Innenstadt zum Gänselieselbrunnen, wo sie dann ca. zwei Meter Wasserrand überwinden, zur bronzenen Gänseliesel hinaufklettern und dieses küssen mussten – auch wenn man zwischendurch ins Wasser gefallen war. In Folge der Bayreuther randständigen Campuslage und in Ermangelung einer Gänseliesel oder eventuell sonstiger kussbereiter Damen, fuhren wir unter großem Hallo und lautem Gerufe über das Uni-Gelände bis zur Mensa und zurück. Später bürgerte sich ein, dass in symbolhafter

---

[32]Prof. Dr. **Hans-Werner Schmidt** (*1956); Prof. Materials Department, University of California, Santa Barbara: 1993–1994, Prof. Makromolekulare Chemie I, Universität Bayreuth: seit 1994.

[33]Hans-Werner Schmidt: *Curriculum Vitae, Universität Bayreuth*. URL: http://www.chemie.uni-bayreuth.de/mci/de/mitarbeiter/mit/mit_cv.php?id_mit=22580

Weise der wissenschaftliche Betreuer den Wagen ziehen musste, noch etwas später auch anwesende Elternteile – dann meist der Vater.

Pyrotechnik

Eine weitere Neuerung hatten wir jedenfalls **Markus Blomenhofer** (s. Vielbegabte etc.: Bayreuth: Musik II) zu verdanken, der bereits zu dieser Zeit zusätzlich ausgebildeter, geprüfter Pyrotechniker war. Er bereicherte den Promotionsumzug mit allerlei Knallfröschen, Böllern und Raketen, die er selbst herstellen konnte und durfte. Das Geknalle drückte – ähnlich wie an Silvester – die allgemeine, übergroße Freude aus. Sie wurde jedoch keineswegs von allen, jedenfalls nicht von einem Mathematiker geteilt. Er beschwerte sich nach einiger Zeit beim Präsidenten der Universität, dass seine Prüfungen bei diesem Lärm unmöglich geworden seien. Wir mussten daraufhin diese beliebte Art der akustischen Festuntermalung aufgeben und auf Rasseln, Ratschen und Tröten umstellen. ‚Ohren'scheinlich war das viel weniger störend, da keinerlei Beschwerden mehr eingingen und den *„Mathematikern nicht mehr die Zahlen aus dem Kopf fielen"*, wie wir sagten.

Makromolekulare Chemie II

Im Jahre 1986 hatte **C. D. Eisenbach** (s. 1985–86: Zwischenzeit: Perylendiimide) den Ruf auf den Lehrstuhl Makromolekulare Chemie II angenommen (Nachfolge **H. W. Spieß**). 1991 war **Manfred Schmidt**[34,35] zur

---

[34]Prof. Dr. **Manfred Schmidt** (*1950), Prof. Makromolekulare Chemie II, Universität Bayreuth: 1991–1995, Prof. Physikalische Chemie, Universität Mainz: 1995–2018.
[35]Prof. Dr. M. Schmidt, Homepage; URL: https://www.ak-mschmidt.chemie.uni-mainz.de/414.php

Makromolekularen Chemie II hinzugestoßen. 1995 verließen beide Bayreuth.

Der Lehrstuhl wurde 1997 mit **Reimund Stadler**[36] [20] wiederbesetzt. Bayreuth stand zu dieser Zeit noch im Ruf, zu ‚Bayerisch-Sibirien' zu gehören (s. Bayreuth 1978–2008: 1878–1982: Die Stadt). Die importierten Arbeitskreismitglieder berichteten, in Mainz hätte man sie bedauert, da sie jetzt *„an die einzige deutsche Universität mit zwei Wintersemestern"* umziehen müssten. Mindestens durch die Klimaerwärmung hat Bayreuth mittlerweile diese rufschädigende Einordnung verloren.

Ein Mitglied des Stadlerschen Arbeitskreises, **Volker Abetz**,[37,38] erzählte mir einmal, dass er mütterlicherseits von Charles Goodyear,[39] [19] abstamme, was kunststoffgeschichtlich natürlich hoch bemerkenswert ist.

R. Stadler verstarb knapp 2 Jahre später, unerwartet und viel zu früh.

Seine Nachfolge trat 1999 **Axel Müller**[40,41] an, gefolgt 2012 von **Andreas Greiner.**[42,43]

---

[36]Prof. Dr. **Reimund Stadler** (1956–1998), Prof. Univ. Mainz: 1989–1997, Prof. Univ. Bayreuth: Makromolekulare Chemie II, 1997–1998.

[37]Prof. Dr. **Volker Abetz** (*1963), Prof. Universität Potsdam: 2004, Leiter des Institutes für Polymerforschung des Helmholtz-Zentrums Geesthacht: seit 2004, Prof. Univ. Kiel: 2004–2012, Prof. Univ. Hamburg: seit 2013.

[38]URL: https://www.hzg.de/institutes_platforms/polymer_research/director/index.php.de

[39]Charles Goodyear (1800–1860), Erfinder der Kautschuk-‚Vulkanisation'.

[40]Prof. Dr. **Axel H. E. Müller** (*1947), Prof. Makromolekulare Chemie II, Univ. Bayreuth: 1999–2012.

[41]URL: http://www.chemie.uni-bayreuth.de/mcii/de/prof._a._m/23615/24183mitarbeiter_detail.php?id_obj=23822

[42]Prof. Dr. **Andreas Greiner** (*1959), Prof. Univ. Mainz: 1999–2000, Prof. Univ. Marburg: 2000–2012, Prof. Univ. Bayreuth: ab 2012.

[43]URL: http://www.mcii.uni-bayreuth.d/en/team/team-greiner/greiner-andreas/index.php

94   G. Lattermann

Literatur

1. Peter Morys, *Hans-Ludwig Krauss (1927–2013)*, Nachrichten aus der Chemie (2013), 61, S. 802.
2. Gary D. Patterson, James E. Mark, Joel R. Fried, Do Y. Yoon, *Paul John Flory – A Life of Science and Friends*, CRC Press Taylor & Francis Group, Boca Raton 2016.
3. P. J. Flory, *Molecular theory of liquid crystals*, in N. A. Platé, V. P. Shibaev (Ed.), "Liquid Crystal Polymers I", Advances in Polymer Science (1984), 59, 1–36.
4. S. Chandrasekhar, B.K. Sadashiva, K.A. Suresh, *Pramana*, (1977), 9, S. 471–480.
5. C. Göltner, D. Presser, K. Müllen, H.-W. Spieß, *Liquid-Crystalline Perylene Derivatives as Discotic Pigments*, Angewandte Chemie, International Edition, in English (1993), 32, S. 1660–1662.
6. Peter Herwig, Christoph W. Kayser, Klaus Müllen, Hans Wolfgang Spieß, *Columnar Mesophases of Alkylated Hexa-peri-hexabenzocoronenes with Remarkably Large Phase Widths*, Advanced Materials (1996), 8, S. 510–513.
7. Gert R. J. Müller, Christian Meiners, Volker Enkelmann, Yves Geerts, Klaus Müllen, *Liquid crystalline perylene-3,4-dicarboximide derivatives with high thermal and photochemical stability*, Journal Materials Chemistry (1998), 8, S. 61–64.
8. Daniel Wasserfallen, Marcel Kastler, Wojciech Pisula, Werner A Hofer, Yulia Fogel, Zhaohui Wang, Klaus Müllen, *Supressing aggregation in a large polycyclic aromatic Hydrocarbon*, Journal of the American Chemical Society (2006), 128, 1334–1339, und Literatur darin.
9. Wolfgang Paulus, Lukas Häusling, Karl Siemensmeyer, Karl-Heinz Etzbach, Dieter Adam, Jürgen Simmerer, Helmut Ringsdorf, Peter Schumacher, Dietrich Haarer, Sundeep Kumar, *Use of Low Molecular-Weight or polymeric*

organics compounds which are present in the Columnar-Helical Phase and have Liquid Crystalline Properties, US Patent 6,036,883 march 2000.

10. L. Schmidt-Mende, A. Fechtenkötter, K. Müllen, E. Moons, R. H. Friend, J. D. MacKenzie, *Self-Organized Discotic Liquid Crystals for High -Efficiency Organic Photovoltaics*, Science (2002), 293, S. 1119–1122.

11. André Wicklein, Andreas Lang, Mathis Muth, Mukundan Thelakkat, *Swallow-Tail Substituted Liquid Crystalline Perylene Bisimides: Synthesis and Thermotropic Properties*, Journal of the American Chemical Society (2009), 131, S. 14442–14453, und Literatur darin.

12. Günter Lattermann, *Oligo- und Polyamide mit höher-kondensierten Aromaten in der Hauptkette und ihre Bedeutung in Photoleitfähigkeit, Fluoreszenz und flüssig-kristallinen Systemen*, Makromolekulares Kolloquium, Universität Bayreuth 1983.

13. Günter Lattermann, *Umsetzung von vielkernigen aromatischen Carbonsäureanhydriden mit längerkettigen Aminen und Charakterisierung der Reaktionsprodukte*, Makromolekulares Kolloquium, Universität Freiburg 1984.

14. Andreas Rademacher, Suse Märkle, Heinz Langhals, *Lösliche Perylen-Fluoreszenzfarbstoffe mit hoher Photostabilität*, Chemische Berichte (1982), 115, S. 2927–2934.

15. Brigitte I. Voit, *Short Portrait of Prof. Dr. Oskar Nuyken on the Occasion of his 65th Birthday*, Macromolecular Chemistry and Physics (2004), 205, S. 2496–2498.

16. Günter Lattermann, *First examples of a new class of discogen*, Liquid Crystals (1987), 2, 723–728.

17. Günter Lattermann, Günter Staufer, *Hydroxy group containing liquid crystals. I. Synthesis and characterization of cis,cis-(3,5-dihydroxycyclohexyl)-3,4,5-tris(decyloxy) benzoate and derivatives*, Molecular Crystals and Liquid Crystals (1990), 4, S. 347–355.

18. Frank Schmälzle, *Der Garten ist sein Lebenswerk. Universität Bayreuth ehrt Professor Dr. Günther Rossmann*, Universität Bayreuth, Medienmitteilung (2010), Nr. 72.

19. Siegfried Heimlich, Porträts in Plastik – Pioniere des polymeren Zeitalters, Verlag Hoppenstedt, Darmstadt, 1999, S. 25–32.

20. *In memory of Professor Dr. rer. nat. Reimund Stadler,* Designed Monomers and Polymers (1999), 2, S. 109–110.

21. *Professor Dr. Hans-Ludwig Krauss emeritiert. Motor für den Ausbau der Fachgruppe Chemie*, Universität Bayreuth, Spektrum (1993), 2, S. 9.

Mitarbeiter, Gäste, Kooperationen

Vollends international und bunt geht es in diesem Kapitel zu, in dem aus verschiedenen Himmelsrichtungen mentale Eigenheiten aufleuchten, die es immer zu berücksichtigen gilt, wenn man miteinander zu tun hat bzw. zusammenarbeitet. Erfahrungsgemäß ist ein guter Weg hierzu für alle Beteiligten, sich zunächst beobachtend, möglichst nicht vergleichend oder gar wertend zu verhalten und – wo immer möglich – genügend geduldig zu bleiben.

Kaunas I

Fast 2 Jahre nach dem letzten sowjetischen Versuch, Litauens Unabhängigkeit zu verhindern, hielt ich 1992 den ersten nicht übersetzten, englischsprachigen Vortrag an der Technischen Universität Kauen/Kaunas. [1] Mit

© Der/die Herausgeber bzw. der/die Autor(en), exklusiv lizenziert durch Springer-Verlag GmbH, DE, ein Teil von Springer Nature 2020
G. Lattermann, *Chemiepark*,
https://doi.org/10.1007/978-3-662-62174-5_6

dem Leiter des dortigen Departments für Polymerchemie und Technologie, **Juozas Gražulevičius**[1,2] wurde eine enge Zusammenarbeit verabredet. Über 10 Jahre kamen nach Oberfanken viele Studenten, Postdoktoranden und Dozenten über das Erasmus-Programm, dessen Leiter für die Chemie in Bayreuth ich war. Weitere Unterstützung organisierte ich durch ein europäisches Tempus-Projekt mit fünf internationalen Universitäten, das ich koordinierte.

Traditionsbreite

In dieser Zeit waren sowohl Gäste aus Litauen als auch aus anderen Ländern in meiner Gruppe. Welche Bandbreite unterschiedlicher Traditionen da zusammenkam, zeigt folgendes Beispiel. Im März 1994 waren als Postdoktoranden **Vytautas Getautis**[3,4] aus Kauen/Kaunas in Litauen und **José Natario-Martins,**[5] geborener Portugiese und naturalisierter Franzose, Universität Le Mans, im Labor. Wir kamen einmal auf Urlaub zu sprechen und ich erzählte, dass ich im vergangenen Jahr die Ferien in Schleswig-Holstein an der Ostseeküste verbracht hätte. **J. Natario-Martins** fragte interessiert, ob man denn da auch baden könne. Ich antwortete, natürlich, das sei wundervoll. Die Wassertemperatur läge bei 18–19 °C (damals). Beide stießen ein vernehmliches „Uuh" aus. Der Franzose meinte, „Uuh", er ginge im Mittelmeer niemals

---

[1]Prof. Dr. **Juozas Gražulevičius** (*1951), Prof. Kaunas University of Technology: ab 1992.

[2]URL: https://www.excilight.eu/people/supervisors/juozas-grazulevicius

[3]Prof. Dr. **Vytautas Getautis** (*1962), Bayreuth: February – April 1994. Prof. Kaunas University of Technology: ab 1995.

[4]URL: https://boschem.eu/bos2018/speakers/vytautas-getautis

[5]Dr. **José Natario-Martins,** Bayreuth: March 1994 – February 1995.

unter 25 °C ins Wasser, darauf der Litauer, „Uuh", er ginge an ihren Ostseestränden nie über 15 °C ins Wasser.

Kaunas II

1997 fuhr ich mit einem Mitarbeiter IR-, UV- und andere Geräte von Bayreuth nach Kaunas. Wir übernachteten zwischendurch auf einem Parkplatz bei Breslau. Da es durch den lebhaften Verkehr die gesamte Nacht über sehr laut war, kam mein Mitarbeiter auf die Idee, sich kleine, von der Verpackung abgebrochene Stücke aus Styropor als Stöpsel in die Ohren zu stecken. Sein Schlaf war gut, aber am nächsten morgen ließen sich die Stöpsel nicht mehr entfernen. Bei jedem Versuch bröselten die einzelnen Styropor-Kügelchen, die ehemals ja nur leicht zusammengepresst waren, tiefer in den Gehörgang. Wir mussten in die Klinikambulanz nach Breslau, wo ihm der Ohrkanal freigepult und bald wieder die gewohnte Hörfähigkeit verschafft wurde.

Da wir zudem nur sehr langsam fahren konnten – die Straßen waren in dieser Zeit für unsere empfindlichen Geräte in keinem guten Zustand – kostete uns dies eine zusätzliche Übernachtung in der Nähe von Warschau – diesmal an einem ausgewählt ruhigeren Platz.

Kaunas III

Im Jahre 1998 besuchte uns als Gast für drei Monate **Rimgailė Degutytė**[6] aus Kaunas. Einmal machten wir einen Ausflug nach Nürnberg und fuhren über die Autobahn zurück nach Bayreuth.

---

[6]Prof. Dr. **Rimgailė Degutytė** (*1962), Prof. Department für Lebensmittel-Wissenschaft und -Technologie, Kaunas University of Technology.

Noch zu dieser Zeit gab es in Litauen eine Autobahn (oder besser vierspurige Landstraße) zwischen der Hauptstadt Wilna/Vilnius über Kaunas und dem Hafen Memel/Klaipėda, ohne abgetrennten Mittelstreifen, aus dicken Betonplatten mit breiten Querillen, gebaut ursprünglich als Verbindung für das sowjetische Militär. Wenn ich mich recht erinnere war damals nur eine Geschwindigkeit von 90 km/h erlaubt. Dies war weniger der Straßenverkehrsordnung geschuldet oder gar der Umweltfreundlichkeit. Bei höherer Geschwindigkeit riskierte man hinsichtlich des Oberflächenzustandes diverse Schraubenlockerungen, Abfallen des Auspuffs, Achsbrüche, aber auch Zusammenstöße mit kreuzenden Autos. Ich sah sogar einmal einen Pferdewagen die Autobahn hastig überqueren.

Da ich **R. Degutytė** bereits als recht sorgsam bzw. vorsichtig kennen gelernt hatte, ritt mich auf der Rückfahrt von Nürnberg nach Bayreuth ein wenig der Teufel: ich fuhr mit meinem damaligen alten Mercedes streckenweise 180 manchmal sogar 200 km/h, wozu er locker in der Lage war. Mein Gast verhielt sich unbewegt, sprach kaum, nur manchmal beobachtete sie von der Seite her das Tachometer. Kurz vor Bayreuth fragte sie dann in betont ruhigem Ton: *„Oh, when are we landing"*? (s. auch 1982–1984, Besuch M. Szwarc 1982).

Kaunas IV

Im Mai/Juni 2000 verbrachte ich erneut eine Woche in Kaunas. Anlass war meine Ehrenpromotion. Nach der Feier hatte ich abends das Bedürfnis, spazieren zu gehen.

Am Zusammenfluss der Flüsse Memel und Neris entstanden folgende Zeilen (vgl. auch **Schluss, Teil II**):

Abend in Kaunas

In den Auen an der Memel
unterhalb Vytautas Kirche
singen schmelzend in den Zweigen
Nachtigallen ihre Weise.

Fragen nicht woher du kommst
fragen nicht wohin du gehst
singen schmelzend ihre Weise
übers stille weite Wasser.

Die nächsten Tage machten wir Ausflüge in die wunder-
bare Umgebung und besuchten unter anderem ein Freilichtmuseum in Rumkiškes bei Kaunas. Dort fiel mir
auf, dass ein Erdhügel mit Eingangstür so gar nicht zu
den schönen, alten Bauernhöfen passte, die aus verschiedenen Teilen Litauens hierher gebracht und wieder
aufgebaut worden waren. Wir gingen in den Erdhügel
hinein, der als Ausstellungsraum gestaltet war. Das Tage-
buch eines jungen Mädchens mit Zeichnungen fiel
mir besonders auf. Es zeigte – unter vielem anderem
– Soldaten mit Gewehren im Anschlag, die auf einer
Gleisrampe Zivilisten in Viehwaggons trieben. Auf meine
Frage, ob das Wehrmachts- oder SS-Angehörige gewesen
wären, erwiderte man, nein, nein, das waren sowjetische
Soldaten. Zwischen 1941 bis 1949 wurden über 100.000
Litauer teilweise mit Familien nach Sibirien deportiert. [2]
Im ersten Gulag-Winter, den zunächst nur ein Drittel der
Angekommenen überlebte, wären sie gleich am Anfang
gezwungen worden, ihre eigenen Unterkünfte in die Erde
zu hauen. All dem wurde im nachgebauten Erdloch im
Freilichtmuseum von Rumkiškes gedacht.

Ähnliches erzählte der Chemiker **Rimtautas Kavaliūnas**.[7,8] 1949 wurde er zusammen mit seiner Mutter und zwei weiteren Geschwistern nach Sibirien (Irkutsk-Distrikt) deportiert. Sein Vater folgte kurze Zeit darauf. Nach dem Tode Stalins floh er 1954 und gelangte schließlich nach Kaunas zurück. Für unser Picknick schnitzte er Holzlöffel aus abgeschnittenen Baumzweigen. Dies sei eine der erfreulichen Fähigkeiten, die er dort gelernt habe, meinte er dabei.

Postdoktorand aus China

In meiner Arbeitsgruppe arbeitete für fast 2 Jahre ein chinesischer Postdoktorand. Ich hatte zudem seiner Frau eine Promotionsstelle in der Anorganischen Chemie vermittelt.

Seine Englischkenntnisse waren zu dieser Zeit so, dass er sprachlich und fachlich alles zu verstehen schien, was wir besprachen. Zumindest sagte er jedes Mal „*Yes*", wenn ich ihn nachprüfend fragte. Jedoch merkte ich bald, dass dem sicher nicht so war. Ich sprach bei einem Japanbesuch einen deutschen Chemiker, der mit einer Japanerin verheiratet war und seit 8 Jahren ostasiatische Erfahrungen gesammelt hatte (s. Vorträge, Konferenzen: Japan 2000: Tokio 2000), auf dieses Phänomen an. Er erläuterte mir, es sei in asiatischen Ländern üblich und ein striktes Gebot der Höflichkeit in solchen Situationen möglichst „ja" zu sagen. Würde z. B. ein Schüler aussprechen, er habe die Erklärungen des Lehrers nicht verstanden, würde er diesen damit automatisch beschuldigen, die Sache nicht gut genug erläutert zu haben, d. h. seiner Lehrerfunktion

---

[7]Prof. Dr. **Rimtautas Kavaliūnas** (*1934), Leiter des Departments für Organische Technologie, Kaunas University of Technology: 1991–1995. Ruhestand 2002.

[8]URL: https://fct.ktu.edu/department-of-polymer-chemistry-and-technology

nicht zu genügen – eine unverzeihliche Unhöflichkeit. Wir mussten also eigene Wege finden, indirekt das eigentliche Ausmaß des Verstandenen oder auch Akzeptierten zu ermitteln, was nach einiger Übung auch gelang.

Da in der Chemie traditionsgemäß nur halbe Assistentenstellen vergeben wurden, erhielt er anfangs eine solche, obwohl mir die DFG für das Projekt insgesamt zwei halbe Stellen genehmigt hatte.

Nach einem drei viertel Jahr fand er heraus, dass er als Postdoktorand seiner Meinung nach unterbezahlt sei. Er teilte mir dies aber nicht direkt, mündlich mit, das wäre eben eine zu grobe Unhöflichkeit seinerseits gewesen, sondern übergab mir – in aller formalen Korrektheit und Distanz – ein Schreiben in verschlossenem Umschlag, in dem er andeutete, dass er auch woanders arbeiten könne. Da ich ihn einerseits nicht verlieren wollte, andererseits seine Frau ihre Doktorarbeit in Bayreuth bei **Max Herberhold**[9,10] noch nicht vollendet hatte, bot ich ihm eine ¾-Stelle an. Er akzeptierte. Wir hatten einen guten, alle zufriedenstellenden Interessensausgleich gefunden.

Kasan

Mit dem Labor für Molekulare Radiospektroskopie (**Igor Wassiljewitsch Owtschinnikow**)[11,12] in Kasan, hatte ich ab 2000 über 7 Jahre eine gute Zusammenarbeit. Von dort kamen Gastwissenschaftler mehrfach nach Bayreuth.

---

[9]Prof. Dr. **Max Herberhold** (* 1936), Prof. Univ. Bayreuth: 1978–2002.

[10]URL: https://de.wikipedia.org/wiki/Max_Herberhold

[11]Prof. Dr. **Igor Wassiljewitsch Owtschinnikow**, Prof. am Laboratorium für Molekulare Radiospektroskopie, Physikalisch-Technisches Institut, Russische Akademie der Wissenschaften, Kasan, Russland.

[12]URL: http://www.kfti.knc.ru/en/about-institute/Laboratories/molecspectr.php

Das gemeinsame, sehr fruchtbare SFB-Projekt, in das auch **Markus Schwoerer**[13,14,15] eingebunden war, umfasste verschiedene Eigenschaften metallhaltiger Flüssigkristalle (,Metallomesogene'). [3, 4].

Bei zwei Aufenthalten in Kasan entdeckte ich etwas sehr Bemerkenswertes. Im Institut standen auf vielen Schreibtischen design- und kunststoffgeschichtlich hochinteressante Leuchten aus Phenol-Pressharz (im Westen unter dem Handelsnamen *,Bakelit'*, dort als *,Karbolit'* bekannt)[16] Bis heute ist die Erforschung dieser sowjetischen Standardleuchte, die von einer deutschen, bauhausnahen Leuchte abstammt, noch nicht abgeschlossen. [5] Bei den Besuchen bin ich mit je drei dieser Leuchten beschenkt worden, mehr passten leider nicht in meinen Koffer. Ich wunderte mich damals schon, wie problemlos sie die Zoll- und Sicherheitskontrollen am Flughafen passierten (s. Iwanowo: Luftfracht). Man hat mir versichert, dass 3 Jahre später, solche Leuchten sich nicht mehr im Kasaner Institut befänden, sie seien alle durch schöne, neue ersetzt worden. Heute werden allerdings für die alten sehr gute Sammlerpreise gezahlt.

Auch chemiegeschichtlich waren die Aufenthalte an der Universität Kasan[17] [6] sehr interessant. Jeder Chemiker kennt die Regeln von Saizew[18,19] und Markownikow

---

[13]Prof. Dr. **Markus Schwoerer** (*1937). Prof. Univ. Bayreuth: 1975–2005.

[14]URL: https://docplayer.org/63865558-Herausgeber-und-autoren.html

[15]*Neuigkeiten aus der Universität*, Universität Bayreuth aktuell (2005), 3, S. 1.

[16]Sie waren ab 1934 bei Moskau produziert worden, analog der weltweit allerersten Kunststoffleuchte, die vom ehemaligen Bauhausmeister Christian Dell (1929, einer der Pioniere des vergessenen Kunststoffdesign vor dem Krieg) gestaltet und ursprünglich in Deutschland produziert wurde.

[17]Museum der Kasaner Schule der Chemie. URL: http://old.kpfu.ru/chmku/de/index.htm

[18]Prof. Dr. Alexander Michailowitsch Saizew (1841–1910), Prof. Organische Chemie, Universität Kasan: ab 1871.

[19]*Alexander Michailowitsch Saizew*, URL: https://www.chemie.de/lexikon/Alexander_Michailowitsch_Saizew.html

bzw. Anti-Markownikow,[20] [7] die ,Namensreaktionen' nach Arbusow (Michaelis-Arbusow)[21] [6, S. 90 ff.] oder Reformatsky. Dieser leistete darüber hinaus bedeutende Beiträge für die Kautschukforschung in der Sowjetunion.[22] [6, 8] Weiterhin wurde 1844 das Element Ruthenium durch K. E. Claus entdeckt.[23] [9].

Die allerwenigstens wissen jedoch, dass diese Chemiker in Kasan an der Wolga (Schicksalort der russischen Geschichte durch den Sieg des ersten Zaren, Iwans des Schrecklichen über die Tataren) tätig waren. Die dortige Universität ist nach St. Petersburg und Moskau die drittälteste und -bedeutendste Universität Russlands und zugleich ,Wiege der russischen Chemie'.[24]

Schließlich ist wahrscheinlich wenig bekannt, dass der Physiker Sawoiski[25] an der Universität Kasan 1940/41 als erster Kernmagnetresonanz-Versuche vornahm und 1944 die Elektronenspinresonanz-Technik entwickelte,

---

[20]Prof. Dr. Wladimir Wassiljewitsch Markownikow, (1838–1904), Prof. Universität Kasan: 1868–1971, Prof. Universität Odessa: 1871–1873, Prof. Universität Moskau: ab 1873.

[21]Prof. Dr. Alexander Jerminigeldowitsch Arbusow (1877–1968), Prof. Landwirtschaftsinstitut Nowo-Alexandria: 1906–1911, Prof. Universität Kasan 1911–1962.

[22]Prof. Dr. Sergei Nikolajewitsch Reformatsky (1860–1934), Habilitation, Kasan: 1891, Prof. Universität Kiew: ab 1892, Institut für Kautschuk-Forschung: ab 1931.

[23]Prof. Dr. Karl Ernst Claus (Karl Karlowitsch Klaus, 1796–1864), Prof. Universität Kasan: 1839–1852, Prof. Universität Dorpat (Tartu): 1852. URL: https://www.deutsche-biographie.de/pnd116539623.html#ndbcontent

[24]Das „Museum der Kasaner Schule" zu Ehren von K. K. Klaus, N. N. Sinin, A. M. Butlerow, W. W. Markownikow, A. M. Saizew, F. M. Flawizki, A. E. Arbusow und B. A. Arbusow, mit dem Butlerow-Hörsaal, ist vergleichbar mit dem Liebig-Museum in Gießen. URL: http://old.kpfu.ru/chmku/de/index. htm; Kasan ist überdies der Schicksalsort russischer Geschichte (Sieg Iwan IV, ,des Schrecklichen' über die Tataren 1552 durch Einnahme der gleichnamigen Hauptstadt des Khanats Kasan, Unabhängigkeit Russlands und Begründung des russischen Zarentums, Bau der Basiliuskathedrale als Siegesmal auf dem Roten Platz in Moskau).

[25]Prof. Dr. Jewgeni Konstantinowitsch Sawoiski (1907–1976). Prof. Universität Kasan: 1933–1945.

Methoden, die bis heute unter anderem auch für die Chemie sehr bedeutend sind. [10][26]

Iwanowo

Zeitgleich bestand eine langjährige Kooperation mit **Nadeschda Usoltsewa**[27,28] [11] von der Staatsuniversität Iwanowo, Russland. Sie und viele Mitarbeiter besuchten viele Male Bayreuth für kürzere oder längere Zeit.

Spekulant

Mit dem russischen Postdoktorand **Matwey Grusdew**[29] gab es 2007 einmal ein sprachliches Missverständnis, durch unterschiedliche Traditionen hervorgerufen. Wir diskutierten seine eigenen Ergebnisse hinsichtlich einer neuen Klasse von Flüssigkristallen und deren Interpretation. Ich sagte ihm, wir bräuchten noch mehr Daten für eine sichere Beurteilung, im Moment sei seine Erklärung noch nicht genügend untermauert, noch eher eine Spekulation (‚speculation'). Er bekam einen knallroten Kopf, rannte aus der Tür und wurde zwei Tage lang nicht gesehen. Meine besorgte Nachfrage bei einer anderen russischen Postdoktorandin, **Marina Krekhova**,[30]

---

[26]Ab 1947 arbeitet er am sowjetischen Atomprojekt, dessen auch personelle Geheimhaltung möglicherweise verhinderte, dass er im Westen bekannter wurde und vielleicht auch den Nobelpreis hätte verliehen bekommen. (Bericht aus Kasan).

[27]Prof. Dr. **Nadeschda Wasiljewna Usoltsewa** (*1944), Prof. Flüssigkristall-Laboratorium, Staatl. Universität Iwanowo, Russland: seit 1992.

[28]URL: http://nano.ivanovo.ac.ru/director.php?language=1

[29]Dr. **Matwey S. Gruzdew,** G. A. Krestow Institut für Flüssigphasenchemie, Russische Akademie der Wissenschaften, Iwanowo, Russland.

[30]Dr. **Marina Krekhova,** Wiss. Mitarbeiterin, 2005–2008.

ergab dann, dass ich ihn wahrscheinlich schwer beleidigt hatte. ‚Spekulation' sei für ihn nicht synonym mit einer ‚Mutmaßung' oder ‚Vermutung mit noch nicht ausreichend sicherer Beweisführung'. Im Russischen hätte die Bezeichnung *„Spekulant"* immer noch die alte, klassenfeindliche Bedeutung einer üblen kapitalistischen Schreckfigur wie Schieber, Zocker, Gauner, Lump etc. und *„Spekulation"* sei ebenda angesiedelt. Ich bat dann die Mitarbeiterin, ihm die ganz andere, neutrale Bedeutung im Sinne von Kalkül und Hypothese zu erläutern und ihn wieder ins Labor zu bitten. Nachdem ich ihm dann meine guten Absichten erläutert hatte, war bis zum Ende seines Aufenthaltes der volle Friede wiederhergestellt.

Luftfracht

Beim Eintritt in den Ruhestand 2008 sandte ich **M. Gruzdew** alle synthetisierten Proben und Chemikalien aus der gemeinsamen Arbeit [12] zur Fortsetzung der Untersuchungen per Luftpost nach Iwanowo, deklariert als ‚wissenschaftliches Warenmuster'. Die zwei Kartons im Umzugsformat kamen relativ kurze Zeit später heil an. Im Nachhinein gesehen, war dies zum Abschluss meiner eigenen Arbeiten ein echtes Wunder: ein Flugzeug auf dem Weg nach Russland, beladen mit hunderten von gefüllten Chemikaliengläsern und -fläschchen! Der Zoll beschwerte sich nicht und auch nicht die Sicherheitskontrollen, obwohl da ja wer weiß was hätte dabei sein können. Geräte mit elektrischen Schaltern und Kabeln waren wohlweislich nicht dazwischen gepackt (s. Mitarbeiter, Gäste, Kooperationen: Kasan).

In der Folge sind sehr viele, spätere Arbeiten in Russland kontinuierlich weitergelaufen bzw. entstanden, z. B. [13, 14]

Literatur

1. Invited Lecture, *Molecular and Supramolecular Liquid Crystals,* Chemisches Kolloquium der Universität, Vilnius, Lithuania, November 1992.

2. Jörg Baberowski, *Verbrannte Erde – Stalins Gewaltherrschaft,* Verlag C.H.Beck oHG, München 2012, S. 467,468.

3. N. E. Domracheva, I. V. Ovchinnikov, A. Turanov, G. Lattermann, A. Facher, *Features of the Magnetic and Dielectric Behavior of Mesophases of Chromium(III) Complexes with Azacyclic Ligands,* Physics of the Solid State (2001), 43, S. 1188–1194.

4. N.E. Domracheva, A. Mirea, M. Schwoerer, L. Torre-Lorente, G. Lattermann, *Liquid-crystalline dendrimer Cu(II) complexes and Cu(0) nanoclusters based on the Cu(II) complexes: An electron paramagnetic resonance investigation,* Physics of the Solid State, (2007), 49, S. 1392–1402.

5. Günter Lattermann, *Die Phenoplastleuchte von Christian Dell in der Sowjetunion,* in Ulrike Kremeier, Ulrich Röthke (Hrsg.) „Unbekannte Moderne: Das Bauhaus in Brandenburg – Eine Spurensuche in Industriedesign und Handwerk", Katalog zur Ausstellung vom 26. Oktober 2019 – 12. Januar 2020, Brandenburgisches Landesmuseum für Moderne Kunst/Dieselkraftwerk, Cottbus 2019, S. 77–82.

6. David E. Lewis, *Early Russian Organic Chemists and Their Legacy,* Springer Verlag, Heidelberg etc. 2012, S. 90 ff.

7. Irina P. Beletskaya, Valentine G. Nenajdenko, *Towards the 150th Anniversary of the Markovnikov Rule,* Angewandte Chemie (2019), 131, S. 4828–4839.

8. A. Semenzow, *Nachruf Sergius Reformatsky,* Berichte der Deutschen Chemischen Gesellschaft. (1935) 68, Heft 5, Abteilung A (Vereinsnachrichten), S. A61.

9. Berthold Peter Anft, *Claus, Karl,* Neue Deutsche Biographie (1957), 3, S. 269–270 [Online-Version]; URL: https://www.deutsche.biographie.de/pnd116539623. html#ndbcontent

10. K. M. Salikhov, N. E. Zavoiskaya, *Zavoisky and the Discovery of EPR*, Resonance (2015), 20, S. 963–968.

11. N. Usol'tseva, V. Bykova, A. Smirnova, M. Gruzdev, G. Lattermann, A. Facher, *Induction of Mesomorphic properties in poly(propylene imine) Dendrimers and their Model Compounds*, Molecular Crystals and Liquid Crystals (2004), 409, S. 29–42.

12. M. S. Gruzdev, N.V. Usol'tseva, L. Torre-Lorente, G. Lattermann, *Liquid crystalline nanocomposites of dendrimers derived from poly(propyleneimine) with iron oxide nanoparticles*, Izv. Vyss. Uch. Zeved. Khimiya Tekhnol. (2006), 49, S. 36–40.

13. N.E. Domracheva, V.I. Morozov, M.S. Gruzdev, R.A. Manapov, A.V. Pyataev, G. Lattermann, *Iron-Containing Poly(propylene imine) Dendromesogens with Photoactive Properties*, Macromol. Chem. Phys. (2010), 211, S. 791–800.

14. M.S. Gruzdev, U.V. Chervonova, V.E. Vorobeva, A.A. Ksenofontov, A.M. Kolker, *Liquid crystalline poly(propylene imine) dendrimer-based iron oxide nanoparticles*, RSC Adv. (2019), 9, S. 22499–22512.

Vorträge, Konferenzen

Konferenzen sind immer Schwerarbeit. Der Autor benötigte öfter die gleiche Zeit, um sich vom üblichen ‚Gehirnkater' (ähnlich dem Muskelkater bei hoher physischer Beanspruchung), hervorgerufen durch die geistige Beanspruchung bei hoch konzentrierten Eindrücken, Diskussionen, Erfahrungen, Lernprozessen etc. zu erholen. Auf internationalen Konferenzen kommt dann noch die Anstrengung der fortwährenden Kommunikation in einer oder mehreren Fremdsprachen hinzu. Dennoch können Konferenzen auch reich an erfrischenden, gut gewürzten, köstlichen, aber auch überraschenden Begebenheiten sein, wie sich im folgenden Kapitel zeigt.

Hinsichtlich berichtenswerter Anekdoten und besonderer Vorkommnisse kann ich nur von einigen, aber in diesem Sinne ‚herausragenden' Konferenzaufenthalten erzählen.

© Der/die Herausgeber bzw. der/die Autor(en), exklusiv lizenziert durch Springer-Verlag GmbH, DE, ein Teil von Springer Nature 2020
G. Lattermann, *Chemiepark,*
https://doi.org/10.1007/978-3-662-62174-5_7

Madrid, 1974

Meinen allerersten Auslandsvortrag durfte ich 1974 in Madrid halten. [1] Wir unternahmen zwei Ausflüge. Beim ersten fuhren wir bis zur Sierra Nevada, über Toledo, der wunderschönen historischen Metropole mit seiner mächtigen Festung „*Alcatraz*", wie **H. Höcker** uns mehrmals ankündigte. Eigentlich heißt der Palast ‚Alcázar', **H. Höcker** war aber offensichtlich noch sehr von seinem früheren Kalifornienaufenthalt beeindruckt.

Beim zweiten Ausflug besuchten wir den historischen Königspalast ‚El Escorial'. Ohne ausführliche Autokarten, befanden wir uns plötzlich auf einer einsamen, leeren Zufahrtsstraße zu einem Schloss im Hintergrund. Wenige Meter vor uns auf dem Asphalt standen Militärs in prachtvollen, ordensbehangenen Uniformen und Bischöfe in vollem Ornat. Gleich kam eine Gruppe höchst aufgeregter Polizisten auf uns zu und versuchte uns klar zu machen, wir seien verbotenerweise in einer Sperrzone und sollten möglichst schnell verschwinden.

Nachdem wir später den imposanten Escorial doch noch erreicht und besichtigt hatten und wieder zurück in Madrid waren, erläuterte man uns, wir seien augenscheinlich – wie auch immer – in eine Gruppe hineingeraten, die wahrscheinlich auf eine Audienz bei Generalissimus Franco in seinem Sommerpalast ‚El Pardo' wartete. Unglaublich sei, wie wir unbemerkt hätten soweit kommen können, noch unglaublicher aber, dass man uns einfach laufen bzw. weiterfahren ließ und nicht ins Gefängnis warf.

Merseburg, 1987

Eine ganz besondere Konferenz fand 1987 in Merseburg statt. Mein Bayreuther Kollege **Peter Strohriegl**[1,2] und ich hielten Vorträge. [2] Für beide war dies der erste Aufenthalt in der DDR.

Blaues Wunder II

Ich erinnere mich noch sehr genau, an den bewundernd-staunenden, feierlich-verehrenden Gesichtsausdruck, als die Dame am Konferenzempfang unsere blauen Hundert-DM-Scheine für die Tagungsgebühr in Händen hielt.

Mauer

Die Wende 2 Jahre später lag noch außerhalb jeder Vorstellungskraft. Jedoch gab es bereits eine langhaarige, studentische Musikgruppe, die auf einem Mäuerchen im Hochschulhof sitzend, die vielen Teilnehmer mit dem rhythmisch aufpolierten, schmissigen Song *„Auf der Mauer, auf der Lauer sitzt ne kleine Wanze"* unterhielt. Man sagte uns von einheimischer Seite, die jungen Leute hätten sich dies nur wegen der Abgeschlossenheit der Örtlichkeit und der Exklusivität des internationalen Publikums (bewusst) leisten können: ein Skandal seitens Polizei bzw. Stasi musste unbedingt vermieden werden. Weitere Folgen wurden uns allerdings nicht bekannt.

---

[1]Prof. Dr. **Peter Strohriegl** (*1957), Prof. Makromolekulare Chemie I, Universität Bayreuth: 1999.

[2]URL: https://www.uni-bayreuth.de/de/forschung/profilfelder/emerging-fields/energieforschung-und-energietechnologie/mitwirkende/22strohriegl/index.php

Unterkunft

In Merseburg herrschte in einigen Bereichen eine Art Ausnahmezustand. Das einzig vorhandene größere Hotel war für die ‚VIP's' reserviert. Die Mehrzahl der über tausend Konferenzteilnehmer wurden in Mehrbettzimmern von Studenten-, Gewerkschafts- und sonstigen Heimen untergebracht. Für die Konferenzwoche hatte man den Studenten ‚Heimstudium', den anderen Bewohnern Heimaturlaub verordnet. Wir vermuteten, dass als mögliche Großunterkünfte einzig die nahen Kasernen der sowjetischen Soldaten unangetastet blieben.

Gastgewerbe

Auch im gastgewerblichen Bereich erlebten wir Ungewohntes. Das einzige, große (im Westen hätte man gesagt ‚bürgerliche') Restaurant der Stadt war permanent überbelegt – sagte man uns jedenfalls beim Empfang an der Tür (Einlass- und Sitzzuweisung) – obwohl wir glaubten, immer noch freie Tische entdeckt zu haben. Jedenfalls waren uns die Wartezeiten von 30–45 min zu lange. An einem heißen Sommertag waren wir durstig und machten uns daher zu sechst (drei deutsche, ein Amerikaner, ein Franzose, ein Japaner) auf den Weg, um eine ‚Kneipe' für ein kühles Bier zu finden. Nach ca. 15 min fanden wir noch in der Innenstadt eine Lokalität. Drinnen saßen – uns groß anschauend – drei einheimische Paare an Tischen mit jeweils vier Stühlen, hinten auf der Bank zwei Volkspolizisten in Uniform, ein vier-Stuhl-Tisch war noch frei. Da wir aber zu sechst waren, fragte ich höflich die nächsten Nachbarn, ob wir ihre zwei freien Stühle noch an unseren Tisch mit hinstellen dürften. Scheu-verhalten wurde uns bedeutet, wir müssten die Bedienung fragen. Von dieser erhielt ich ein eher finster gezischtes: *„Da dut sisch nischts"* als Antwort. Wir interpretierten für uns die Situation so, dass mehr als vier Stühle an einem Tisch dem sozialistischen Stellplan widersprochen hätten und vermuteten, dass die Volkspolizisten auf dessen strikte Einhaltung achten würden. Jedenfalls war daraus zu schließen, dass wir nicht willkommen waren und – schlimmer noch – kein Bier erhalten würden.

Unser Durst war dennoch größer als unsere Befremdung. Wir suchten unverdrossen weiter und fanden schließlich am Rande der Innenstadt eine Wirtschaft, die offensichtlich am Wochenende der Treffpunkt junger Arbeiter aus den Leunawerken war. Auch hier gab es nur Vier-Stuhl-Tische. Ich fragte erst gar nicht die Nachbarn, sondern schnappte mir die nächsten zwei freien Stühle für unsere Gruppe, was mit großen Augen vom Heimattisch quittiert wurde. Wir hatten uns gerade niedergesetzt, da kam die Bedienung vorbei und stellte ungefragt sechs Gläser kühlen Bieres vor uns hin. Wir genossen die ersten Schlucke. Danach beobachteten wir, dass die Dame von der Theke regelmäßig die Runde im Saal machte, auf der sie jeweils ein Bier pro Person auf die Tische stellte. Kaum hatten wir unser erstes zur Hälfte ausgetrunken, stand schon ein Neues vor uns. Bei der nächsten Runde hatte jeder bereits zwei gefüllte Biergläser vor sich. Der japanische Gast meinte, so viel und so schnell könne er unmöglich trinken, der Amerikaner meinte, dieses Rotationssystem sei eine geniale Art von Umsatzsteigerung, wie man es selbst in seinem kapitalistischen Heimatland nicht kenne. Von weiteren Flüssigkeitsmengen blieben wir nur dadurch verschont, dass plötzlich lautes Geschrei ertönte. Zwei Jungs hatten einen bedrohenden Wortwechsel, der sich möglicherweise um ihre anwesenden Freundinnen drehte. Jedenfalls gerieten letztere bald so heftig aneinander, dass sie sich schließlich unter Gezeter, Gekreische und Haarezerren auf dem Boden wälzten. Der Japaner fragte erfreut, ob das im Programm dieses „*Saloons*" stünde, der Franzose, ob das „*Damen-Schlammcatchen ohne Schlamm*" sei und der begeisterte Amerikaner sprach von seinem besten und preiswertesten „*Event-Bier*", dass er je getrunken habe.

Ein Sommernachtstraum

In einer der heißen Nächte hatte ich einen ‚chemischen' Traum. Mir träumte, ich wäre im anorganischen Grundpraktikum bei einem Aufschluss mit Salpetersäure über das offene Becherglas gebeugt und atmete die sauren, nitrosen Dämpfe ein. Vom stechenden Geruch wachte ich auf. Da wegen der Hitze das Fenster weit offenstand, bemerkte ich, dass nicht der Traum, sondern eine anhaltende Brise vom nahegelegenen Leunawerk dafür verantwortlich war. Der Gestank und die Schleimhautreizung waren für mich schwerer zu ertragen als die Hitze, ich schloss unter Protest **P. Strohriegls** das Fenster. Am nächsten Morgen bemerkten wir auf seinem Auto eine dicke, ölige Schmiere, die ebenfalls stark sauer roch. Wie weit der Lack bereits angegriffen war, ließ sich unter der Deckschicht nicht feststellen.

Der Merseburger Schlossberg mit seinem romanischen Dom ist ein beeindruckendes Zeugnis der deutschen Kulturgeschichte. Im schönen Innenhof schaute ich mir am Tag darauf die Quader aus Sandstein rund um ein malerisches Renaissanceportal am Schloss näher an. Sie waren, angegriffen von den Schadstoffen in der Luft, so bröselig, dass ich in einen von ihnen (weniger exponiert) mit meinem Zeigefinger mühelos ein Loch hineinbohren konnte.

Institutsbesuch

Zwar waren in Westdeutschland einige der hervorragenden Praktikums- und Lehrbücher aus dem Osten [3–

6] weit verbreitet, aber ansonsten wussten wir nichts über die Chemie-Ausbildung, die Studiengänge und -inhalte in der DDR. Wir gingen daher zur Konferenzleitung und fragten, ob wir uns einmal die Chemie an der damaligen Technischen Hochschule Carl Schorlemmer Leuna-Merseburg ansehen konnten. Zunächst traf unser Ansinnen auf große Verwunderung, ein solcher Wunsch stand weder im Programm noch hatte ihn jemand anderer geäußert. Wir sollten am nächsten Tage wiederkommen.

Nach besonderer Genehmigung durch die Rektorin Prof. M. Rätzsch durften wir dann am dritten Tag den Leiter des Anorganischen Instituts mit zwei Studenten treffen. Wir hatten in einem blitzsauberen Labor eine sehr interessante Begegnung und konnten alles fragen, was wir wollten.

Werksbesichtigung

Ermutigt von unserer Aktion und aus der Überlegung heraus, dass bei vielen internationalen Kongressen auch Werksbesichtigungen üblich waren, wenn sich Unternehmen in der Nähe befanden, gingen wir am folgenden Tag wieder zur Konferenzorganisation und fragten, ob sich eine Besichtigung der Leunabetriebe für uns organisieren ließe. Der angesprochene Organisationsleiter holte zunächst einmal sehr tief Luft und gab uns dann höflich, aber entschieden zu verstehen, dass er sich ja schon bei der Institutsbesichtigung speziell und über das gewöhnliche Maß hinaus für uns beide bemüht habe, aber eine Werksbesichtigung könnten wir uns in der verbleibenden Zeit sicher aus dem Kopf schlagen. Dazu hätte er einen ministeriellen Beschluss in Berlin einholen müssen und das würde Wochen dauern.

Der Chefredakteur der damaligen DDR-‚Zeitschrift für Chemie' berichtete mir dann noch während der Konferenz ganz offen, wir hätten auch bei mehr Zeit mit Sicherheit keine Genehmigung für einen Besuch der VEB Leuna-Werke Walter Ulbricht erhalten. Die teilweise 60 bis 70 Jahre alten Anlagen seien so marode, [7] dass man sie schon aus Sicherheits-, aber auch aus politischen Gründen niemals hätte vorzeigen können.

Krakau, 1989

Ende August 1989 erlebte ich die letzte ,Flüssigkristall-Konferenz Sozialistischer Länder' in Krakau.[3] Es waren unruhige Zeiten, es gärte überall.

Am 2. Mai 1989 hatten ungarische Soldaten an der Grenze zu Österreich den Stacheldrahtzaun durchtrennt, [8] Mitte August das ,Paneuropäische Picknick' mit Öffnung des Grenzzaunes veranstaltet. Das Krakauer Konferenzende lag drei Tage vor dem Beginn der Montagsdemonstrationen in Leipzig, vier Wochen vor der Ausreise der DDR-Flüchtlinge aus der Prager Botschaft und zwei Monate vor dem völlig unerwarteten Fall der Berliner Mauer.

Hinfahrt

Ich hatte das Visum für Polen erhalten. Sechs Wochen vor dem Konferenztermin entschloss ich mich, mit dem Auto (meinem zuverlässigen, älteren Mercedes) nach Krakau zu fahren. Von Bayreuth aus quer durch die damalige Tschechoslowakei über Prag und Brünn sind es 745 km bis Krakau – eine geringere Entfernung als von München nach Hamburg. Ich erkundigte mich nach einem Transitvisum durch die Tschechoslowakei. Man sagte mir, bei der Hinfahrt würde man mir am deutsch-

---

[3]8th Liquid Crystal Conference of Socialist Countries, Krakau, Polen, 28. August – 1. September, 1989.

tschechischen Grenzübergang üblicherweise das Visum für den Hin-Transit ausstellen, was auch problemlos geschah. Beim Rück-Transit könne dasselbe durch die tschechische Seite an der Grenze mit Polen geschehen, es hinge allerdings manchmal vom Wohlwollen des Grenzbeamten ab. Ich hatte da als Teilnehmer einer wissenschaftlichen Konferenz keine Befürchtungen und fuhr los.

Kurz hinter der Grenze nahm ich einen Anhalter mit, der die nächsten ca. 500 km bis nach Mährisch-Ostrau mit mir fahren wollte. Er sprach kein Englisch oder Deutsch. Ich hatte für die Reise zwei Wörterbücher mit ganzen Sätzen in Tschechisch und Polnisch (*„Wo ist das Rathaus"*, *„Ich spreche Ihre Sprache nicht"* etc.) mitgenommen. Während der langen Fahrt suchten wir uns passende Sätze aus dem tschechischen Wörterbuch heraus und erfuhren solcherart gegenseitig die jeweilige Familiengeschichte, den Beruf, besondere Vorkommnisse usw. Diese Form der Kommunikation war also durchaus vielfältig, wenn auch etwas langsam, sodass die fünf Stunden Fahrt kurzweilig und schnell vergingen.

Aufenthalt

Die meisten Teilnehmer der Krakauer Konferenz kamen aus den sozialistischen Ländern, überall wurde diskutiert, alles schien in Bewegung geraten, aber niemand sah die nachfolgenden Ereignisse kommen oder hielt sie überhaupt für möglich.

Der Rektor der 1364 gegründeten Jagiellonen-Universität Krakau hielt im altehrwürdigen Collegium Maius eine Begrüßungsrede, die er in Latein begann, fuhr dann in Englisch fort, um uns – wie er sagte – nach den ersten, teilweise freien Wahlen zum polnischen Parlament zwei Monate vorher im Juni 1989, darauf hinzuweisen, dass Polen ein mitteleuropäisches Land und der lateinischen Tradition verpflichtet sei.

Der Warschauer Pakt sollte sich erst 1991 offiziell auf-
lösen.

Die wirtschaftliche Situation in der Stadt war nicht
gut, überall sahen wir lange Schlangen an Bäckereien,
Metzgereien und Lebensmittelgeschäften stehen. Das
Konferenzbüffet hingegen war reichlich gedeckt. Wir
bemerkten allerdings, dass viele Teilnehmer aus ost-
europäischen Ländern sich zahlreich ganze Würste und
ausgiebig Obst wie Orangen und Bananen in ihre Jacken-
und Manteltaschen steckten.

Wir wollten wenigstens einmal während der Konferenz
im besten Lokal der Stadt essen. Der Wächter am Ein-
gang bedeutete uns immer, alles sei besetzt. Am vor-
letzten Tag riet uns ein erfahrener Teilnehmer, dem
Ober einen 1-Dollar- oder 5-DM-Schein in die Hand
zu drücken, das könnte den Einlass erleichtern. Obwohl
uns das absolut ‚gegen den Strich ging‘, gab ich am letzten
Abend dem Ober so diskret ich konnte, sicherheitshalber
zwei 1-Dollar-Scheine in die Hand. Er steckte sie ebenso
diskret in die Tasche und gab mir dann, ohne eine Miene
zu verziehen, zu verstehen, dass ausgerechnet an diesem
Abend alle Plätze durch eine Minister-Delegation der
Warschauer Regierung belegt seien. Wir gingen dann in
eine uns schon bekannte Jazz-Kneipe.

Ansonsten war die Konferenz ein voller Erfolg.

Rückfahrt

Die Rückfahrt nach einer Woche stand samstags an.
In Krakau herrschte Benzinknappheit, ich erhielt nach
langer Wartezeit an der Tankstelle gerade so viel Treibstoff,
dass ich noch gut bis zur Grenze kam. Man hatte mir in
Krakau versichert, dass ich in der Tschechoslowakei ohne
Mangel genügend tanken könne.

An der Grenzstation angekommen, trug ich dem massigen, tschechischen Beamten meinen Bedarf für das Rückvisum vor. Er musterte mich lange und meinte dann sehr barsch, ich erhielt hier keine Papiere, ich müsse nach Kattowitz ins deutsche Konsulat fahren und dort das Visum beantragen. Meine Einwürfe, dies könne ja erst am Montag geschehen, mein polnisches Visum gelte aber nur bis Samstagabend, außerdem wüsste ich nicht, ob ich noch genügend Benzin bis Kattowitz hätte, beantwortete er in – wie mir schien – stalinistisch sturem Ton: das wäre mein Problem. Mir blieb nichts anderes übrig als umzukehren und Richtung Kattowitz zu fahren.

Kaffee
Nach ca. drei Kilometer winkte eine ältere Frau am Straßenrand. Ich ließ sie einsteigen, wir fingen an, uns zu unterhalten, da sie gut deutsch sprach. Dabei fasste sie offensichtlich schnell Vertrauen zu mir und erzählte, dass sie als Deutsche einen Polen geheiratet hätte, im nächsten Dorf wohnen würde und wie schwer das Leben generell als protestantisch-deutschstämmige direkt nach dem Krieg war und auch danach noch sei. Ich erzählte ihr mein Missgeschick an der Grenze. Für sie waren das alles offenbar genug Gründe, mich unbedingt nach Hause einzuladen. Die gesamte Familie versammelte sich, es gab Kaffee. Beim Gespräch stellte sich heraus, dass ihr Mann noch 30 L Benzin in drei großen Glasflaschen in der Garage hatte und nicht mehr benötigte, da ihr Auto schon seit langer Zeit defekt war. Er bot mir das Benzin an, ich übergab der Familie im Gegenzug zwei fabrikneu eingepackte Hemden, zwei Pfund Kaffee, vier Tafeln Schokolade, zwei Flaschen Cola und noch einen Teil meines Bargeldes. Man hatte mir geraten, solche Artikel als Gastgeschenk oder Notration für eventuelle Tauschaktionen mitzunehmen – ein wirklich kluger Ratschlag.

Durchs wilde Schlesistan

Bald danach machte ich mich auf den Weg, fest entschlossen nicht nach Kattowitz hinein zu fahren, sondern
direkt weiter über Breslau bis zur DDR-Grenze bei
Görlitz, um dann die Strecke Dresden-Zwickau Richtung
Transitautobahn von Berlin nach Bayern zu nehmen. Ein
DDR-Visum würde ich hoffentlich am Grenzübergang
erhalten.

Ich hatte keine spezielle Karte dieser Gegend bei mir.
Die Richtung nach Breslau war mir von der Familie
erklärt worden, ab dort könne ich der alten schlesischen
Autobahn bis zur Grenze folgen. Nach einigen Kilometern
nahm ich eine junge Frau und ihr Kind mit. Sie konnte
mir keine weiteren Fahrtipps geben, da sie nur polnisch
sprach und daher beharrlich schwieg. Auf meine Technik
des Sätzezeigens im polnischen Sprachführer ging sie
nicht ein. Nachdem sie an ihrem Zielort ausgestiegen war,
fuhr ich die kaum befahrene Landstraße bis Breslau ohne
polnischsprachige Begleitung weiter, was ich bald sehr
bedauerte.

Obwohl ich mich strikt an die vorgeschriebene
Geschwindigkeit hielt, wurde mein Mercedes plötzlich aus
einem Polizeiwagen heraus angehalten. Wir waren völlig
allein auf der Straße. Die zwei Beamten sprachen nur
ganz rudimentär einige Brocken Englisch, kein Deutsch
und gaben mir streng zu verstehen, sie wollten meinen
Pass sehen. Er wurde lange mehrmals durchmustert.
Dann musste ich meinen internationalen Führerschein
vorzeigen. Wieder lange Begutachtung. Schließlich ver-
langten sie die Einladung zur Krakauer Konferenz. Ich
fand sie nach einigem Kramen im Gepäck. Als Abschluss
forderten sie noch die Rechnung meines Hotels. Diese
hatte ich zwar auch dabei, aber irgendwo hingesteckt und

fand sie in der angespannten Situation nicht. Der ältere der beiden Polizisten stieß etwas wie „*Straf, Straf*" hervor, ich erwiderte auf Deutsch, ich verstünde nichts. Er wieder: „*Straf, Straf*", ich: „*Ich verstehe nichts*". So ging das einige Male hin und her, bis sich dann der jüngere, etwas freundlichere Polizist – mittlerweile selbst unruhig geworden – nochmals meinen Pass anschaute, etwas von ‚Doktor' murmelte und sich kurz an seinen Kollegen wandte. Dann gaben Sie mir nach einer gefühlten Ewigkeit alle meine Papiere zurück und ließen mich weiterfahren. Bei einer späteren Gelegenheit erzählte ich diese Geschichte einem polnischen Kollegen. Er meinte, ich hätte großes Glück gehabt. Wenn in dieser Zeit solche Polizisten das gewünschte Lösegeld nicht bekommen hätten, wäre man ganz schnell im Gefängnis gelandet. Ich muss gestehen, dass ich am betreffenden Tag niemals auf den Gedanken gekommen wäre, meine Freiheit mit Geld erkaufen zu sollen. Jedenfalls hatte mich dieser Vorfall emotional doch etwas mitgenommen.

DDR-Grenze

Mittlerweile hatte ich Breslau passiert und samstagabends gegen zehn Uhr das Gefühl gehabt, nahe der Grenze zu sein. Es gab da einige Abbiegeschilder, unter anderen mit einem Ortsnamen ‚Zgorzelec'. Fast fuhr ich daran vorbei, als mir schwante, dass dies der polnische Name für Görlitz sein könnte. Ich bog auf gut Glück ab und stand kurz danach an der Grenzstation. Ich war so glücklich nun in einem Land zu sein, in dem man mich verstand und mit gleicher Zunge sprach, sodass ich den starken Impuls hatte wie Papst Johannes Paul II, auf den Boden zu fallen und ihn – den Boden – zu küssen, auch auf der zum ‚Brudervolk' hin schwerbewachten DDR-Grenzstation. Da ich aber keine Ahnung hatte, wie die Grenzer auf solche eine eventuelle Provokation gegenüber ihrem Staatsgebiet reagieren würden, ließ ich das sein. Ein Transitvisum erhielt ich ohne Probleme.

Autohof

Auf der Weiterfahrt verspürte ich großen Hunger, ich hatte seit morgens nichts mehr gegessen. Hinter Görlitz gab es keine offizielle Autobahnraststätte, sondern den etwas im Hinterland gelegenen Autohof Kodersdorf. Transitreisende durften zwar niemals die Autobahn verlassen, mir war das aber mittlerweile völlig gleichgültig. Auch wenn ich dafür eingesperrt werden sollte, fuhr ich zum Autohof.

An der Wursttheke stand vor mir in der Schlange ein junges Paar. Sie machte ihrem Partner leise Vorwürfe, sie hätten jedenfalls doch über Ungarn und Österreich ‚rübermachen' sollen, statt jetzt wieder hier zu sein und nichts anderes als die übliche, fette Leber- und Blutwurst sehen zu müssen. Ich nahm mir drei der Wurstbrote und ein Wasser, ging zur Kasse und fragte höflich, ob ich auch mit D-Mark bezahlen könne, ich hätte keine Ostmark dabei. Die Dame schaute mich mit offenem Mund an, ich bezahlte die auch in DM immer noch preiswert ausgeschilderte Summe, verspeiste meine Brote und fuhr weiter – mittlerweile war Mitternacht vorbei und es begann fürchterlich zu regnen.

Geisterbahn

Ebenso wie in Schlesien war auch die Autobahn Görlitz Richtung Zwickau seit dem Kriegsende nicht mehr erneuert worden, aber schlimmer dran. Die gesamte Strecke bestand nicht aus teilfragmentierten Betonplatten mit Querrillen, sondern aus Kopfsteinpflaster. Dadurch hatten sich im Laufe der vielen Jahrzehnte in Längs- und Querrichtung starke Verwerfungen und Vertiefungen ergeben, die bei dem mittlerweile sintflutartigen Regen, dem kombinierten Stampfen und Rollen des Wagens bei bis zu 20 cm hohem Wasserstand und spiegelglatter Oberfläche des Basaltpflasters eine Fahrgeschwindigkeit erzwangen, die leider höchstens der Hälfte der vorgeschriebenen 100 km/h entsprach.

Hinter Plauen hörte die Autobahn auf, danach ging es über dunkelste Nebenstraßen durchs nächtliche Vogtland Richtung Berliner Autobahn, wobei ich fast die Hoffnung aufgab, sie jemals zu erreichen. Dies war dann doch nördlich des Grenzübergangs Hirschberg der Fall. Nach der Kontrolle überquerte ich die bayerische Freistaats-Grenze und erreichte gegen halb acht Uhr sonntagmorgens müde, aber glücklich Bayreuth.

Halle, 1989

Nach dem Mauerfall, im Dezember 1989 wurde ich nach Halle ans Institut für Physikalische Chemie eingeladen, einem Zentrum der Flüssigkristallforschung. Auf der Krakauer Konferenz hatte sich ergeben, dass Kollegen in Halle und ich parallel und unabhängig voneinander eine neue Klasse von Flüssigkristallen gefunden hatten, von der ich in der Bundesrepublik zum ersten Male 1988 in Freiburg berichtet hatte. [9]

Trabbi

Nach dem Vortrag in Halle [10] wurde ich durch die Räumlichkeiten geführt. Zur Grundausstattung eines jeden chemischen Labors, in dem präparativ gearbeitet wird, gehören sogenannte ,Rotationsverdampfer', Apparaturen zum Aufkonzentrieren von Lösungen. Das Verdampfen des Lösungsmittels wird dadurch erleichtert, dass der schräg angesetzte Verdampferkolben – angetrieben von einem eingebauten Elektromotor – um seine Längsachse rotieren kann. Solche Geräte gab es auch mehrere In Halle, allerdings nicht in der westlichen Standardversion.

Der Bewegungsübertragung funktionierte hier über zwei hölzerne Nähgarnrollen, überspannt mit einem Einweckgummi. Der Verdampferkolben rotierte auch nicht fortwährend, sondern bewegte sich intervallmäßig hin und her. Auf meine Frage, was der Grund hierfür sei, erläuterte man mir, dass als Antrieb ein Scheibenwischermotor aus einem alten Trabbi verwendet worden sei. Der Zweck wurde damit genauso erreicht wie bei den teuren, kommerziellen Apparaturen zu Hause. Ich bewunderte die ausgereifte Improvisationskunst, die im Westen nicht vorhanden (weil nicht nötig) war.

Ganz Ähnliches an solchen Talenten ließ sich auch bei späteren Besuchen in Russland vielfach beobachten: Spannung (zwischen Ist und Soll) erzeugt Potential (Kraft und Kreativität).

Unter dem Tisch

1990, ein Jahr später, gingen wir bei einem der weiteren Besuche in Halle abends in ein gemütliches Restaurant, in dem immer die Institutsgäste bewirtet wurden. Mein Nachbar **Siegmar Diele**[4] fasste zwischendurch, hin- und herstreichend, unter die Tischkante und stellte dann versonnen fest, dass da vor einem Jahr alles noch mit Mikro-

---

[4]Dr. **Siegmar Diele** (*1939), Leiter des Röntgenlabors, Institut für Physikalische Chemie, Martin-Luther-Universität Halle-Wittenberg.

phonen der Stasi verwanzt gewesen sei. Heute klebten nur noch Kaugummis dort unten.

In Folge dieser Besuche ergaben sich langjährige Kontakte und Kooperationen mit vielen Mitgliedern der Halle-Gruppe. Im Gegensatz zu den wissenschaftlichen Ergebnissen und persönlichen Erlebnissen war die Ausbeute an Anekdoten und Geschichten nicht so groß, dass hier weitere der zahlreichen Namen genannt werden können. Ich denke aber bis heute ausgesprochen gerne an diese Zeit zurück.

USA, 1993, 1996

Gordon Konferenz

1993 wurde ich zur ‚Gordon Conference' eingeladen, wo ich über eine neue Klasse von Flüssigkristallen berichten konnte. [11]

Das Exkursionsprogramm sah einen Ausflug auf den 110 km entfernten *Mount Washington* (1917 m Höhe) vor. Dieser lag im *Mount Washington State Park*, einem Teil des 3000 km² *großen White Mountain National Forest* (das Saarland umfasst 2570 km²!). Ein anderer Teil dieses *National Forests* war der *Franconia Notch State Park*, was nebenbei gleich heimatliche Gefühle sowohl in mir als auch im zweiten Konferenzteilnehmer aus Bayreuth, **L. Kramer,**[5,6] hervorrief.

Ungefähr 30 Teilnehmer fuhren an einem Ausflugstag mit mehreren Autos zum *Mount Washington*. Unsere 5-er Gruppe im Wagen eines amerikanischen Kollegen. Eine Straße führte bis zu einem Parkplatz ca. 1 h unter-

---

[5]Prof. **Lorenz Kramer** PhD (1941–2005), Prof. TU München: 1975–1978, Prof. Univ. Bayreuth: 1978–2005.

[6]Prof. Lorenz Kramer PhD, memorial page, URL: http://www.kramer.physik. uni-bayreuth.de/en/cv/index.html

halb des gut 1900 m hohen Gipfels. Die ungefähr 30 Mitglieder der einzelnen Gruppen begannen gemeinsam mit dem nicht sehr beschwerlichen Aufstieg durch eine übersichtliche Buschlandschaft – alle immer in Sichtkontakt zueinander.

Nachdem wir auf dem Gipfel die herrliche, unendlich weite Aussicht auf die unberührte Wildnis rundum unter uns genossen hatten, begannen wir wiederum in Sichtweite mit den anderen den Abstieg. Am Parkplatz angekommen, stellten wir fest, dass unser fünfter Mann fehlte. Wir warteten, bis auch die letzten aus den weiteren Wagen angekommen waren und diese bereits abfuhren. Wir harrten noch eine weitere Stunde aus und beschlossen dann, ebenfalls zurück zu fahren in der festen Annahme, dass der Fehlende in eines der anderen Autos eingestiegen und bereits auf dem Weg nach Wolfeboro war. Dort angekommen, stellte sich beim gemeinsamen Abendessen ca. zwei Stunden später heraus, dass er auch hier fehlte. Wir diskutierten die Situation mit den Organisatoren. Diese beschlossen, die Park Ranger zu verständigen. Fünf Minuten später erschien unser Vermisster völlig aufgelöst am Konferenzort. Er erzählte noch leicht im Schock, er habe mit uns den Abstieg begonnen, dann einige interessante Blumen gesehen und sei – nachdem er uns aus den Augen verloren hatte – weiter gelaufen, aber wohl allmählich in die falsche Richtung und – statt auf der Ostseite und dem Parkplatz – auf der Westseite des Berges heruntergekommen. Schon in der Dämmerung, sei er dann zufällig in die als weite, menschenleere Wildnis zu bezeichnenden Gegend, auf einen Autoweg gestoßen. Nach einiger Zeit sei ein Wagen vorbeigekommen, der ihn – weitab vom eigenen Ziel – bis nach Wolfeboro brachte. Abgesehen davon, dass es dort noch Bären und Wölfe gab, wurde uns deutlich, welche Abenteuer auch im Verlauf von wissenschaftlichen Kongressen schlummern können.

Ravenna, Ohio

1996 nahm ich an der 16. internationalen Flüssigkristallkonferenz in Kent, Ohio teil. [12] An einem Tag fuhr ich mit dem Bus ins knapp 10 km entfernte Ravenna, OH, einem für dortige Begriffe netten, älteren Kleinstädtchen, wo es einige Antikläden geben sollte. Ich war schon damals seit ca. 3 Jahren immer auf der Suche nach alten Objekten aus polymeren Materialien und hatte auf Reisen oft einen fast leeren, zweiten Koffer mit dabei.

Im einem der Läden meinte die Besitzerin, ich hätte einen für die Gegend ungewöhnlichen Akzent, ob ich eventuell aus Großbritannien käme. Mich durchströmte sofort ein besonderes Gefühl des Stolzes hinsichtlich meiner Englischkenntnisse und ihrer Aussprache, obwohl ich mir dann bewusst machte, dass eine kleine Stadt mit amerikanischem Midland-Dialekt [13] vermutlich doch keine sichere Beurteilungsgrundlage dafür sein könne.

Bemerkenswert – wie so häufig in den USA – war, dass die besuchten *antique shops* meilenweit auseinander lagen. Es gibt da typischerweise in den Ortschaften eine eher amorphe, ungeordnete, denn kristalline Struktur mit zentralem Nukleus. Und da die Entfernung auch innerhalb der Siedlungen so viel größer sind als im kleinen Europa, muss man mit dem Auto fahren. Ich hatte aber keins und bin tapfer insgesamt ca. 10 km gelaufen. Das war gesund, aber auffällig. Vorrüberfahrende Polizei hielt mich dreimal an, um zu fragen, ob alles in Ordnung sei und es mir gut ginge. Das gleiche Ritual wiederholte sich mehrmals bei abendlichen Spaziergängen in Wohnsiedlungen. Wer in USA einfach nur so herumläuft, macht sich anscheinend immer verdächtig, ist auf der Flucht oder einem Heim entsprungen.

Die Anstrengung war auf jeden Fall die Mühe wert. Mit der Ausbeute aus insgesamt fünf Shops war mein Zusatz-

koffer auf dem Rückflug vornehmlich mit Celluloid-
artikeln gut gefüllt.

Frauenpower, 1997

1997 fuhren wir zu einem internationalen Symposium
nach Neuenburg/Neuchâtel in der Schweiz. [14] Neben
mir auf dem Beifahrersitz saß eine Physikstudentin, hinten
im Fonds drei junge Physiker und Chemiker. Ich erfuhr
erst später, dass der Platz vorne ausgelost war, nicht jeder
wollte sich freiwillig, sehenden Auges meinem Fahrstil
(170–180 km/h, in Deutschland) frontal aussetzen.

In der damaligen, ,Navi'-losen Zeit hatte ich Autokarten von der Schweiz dabei. Unterwegs brauchte ich
eine Richtungsauskunft und reichte die Karte automatisch
über die Schulter nach hinten zu den Jungs. Von dort
kam sofort lauter Protest, meine Beifahrerin sei Physikerin
und wer mit Schaltplänen zurecht käme, könne auch
Straßenkarten lesen. Ich reichte sie zerknirscht an meine
freundlich lächelnde Nachbarin. Wir kamen gut an.

In den vergangenen 15 Jahren hatte sich das Verhalten
mindestens in der jungen Generation doch merkbar
geändert (s.: 1882–84: Frauenpower 1983).

Mainz, 1997

Im gleichen Jahr – 1997 – erlebte ich meinen schlimmsten
Vortrags-Alptraum. Ich wurde durch **R. Stadler** zum
Makromolekularen Kolloquium in Mainz eingeladen. [15]
Für mich war zunächst ein ersehnter Traum in Erfüllung
gegangen: Mein erster Vortrag über Flüssigkristalle an
meiner alten Heimatuniversität! Am Vorabend gingen
wir ins italienische Campus-Restaurant. Wir hatten bei

gutem Essen und Rotwein sehr angenehme und anregende Gespräche. Ich hatte das Laptop nicht im Auto gelassen, sondern ins Restaurant mitgenommen. Danach ging ich müde ins Hotel zurück. Der Vortrag war am nächsten Morgen um 10:00 Uhr angesetzt, ich war um 9.30 Uhr am Institut, parkte meinen Wagen und wollte aus dem Kofferraum das Laptop holen. Es war nicht da, fand sich auch an keinem anderen Platz im Auto. Im Hotel hatte ich es auch nicht gelassen. Dann kam mir langsam und fürchterlich die Erinnerung, dass ich die Tasche mit Laptop ins Restaurant mitgenommen, dort neben den Stuhl gestellt und dann wohl vergessen hatte. Im Schockgefühl fuhr ich sofort zum ‚Italiener', wo zu lesen war, dass erst ab 11:00 geöffnet wurde. Ich besorgte mir die Telefonnummer des Hausmeisters, der mir mitteilte, nur der Pächter, der in der Stadt wohne, hätte einen Schlüssel. Schließlich fanden wir noch dessen Nummer heraus. Ich erreichte ihn per Telefon, er versprach möglichst bald zu kommen. Zwischenzeitlich fuhr ich wieder ins Institut und musste dort erklären, dass ich um 10:00 Uhr nicht sprechen könne, mangels Präsentationsmedium für den Vortrag. Dieser wurde daraufhin abgesagt und auf 14:00 verlegt.

Der damals 86-jährige **L. Horner,** der noch alle Kolloquien der Chemie regelmäßig besuchte, schaute mich fassungslos an, als er die Gründe für die Verlegung erfuhr und meinte, ich müsse auf ihn verzichten, zweimal am Tag könne er nicht in die Universität kommen. Ich glaube, ich spüre noch heute mein schauerliches Gefühl von damals im Magen. Nachdem ich das Laptop wieder erhalten hatte, verlief der Vortrag optimal, die Zuhörerschaft war sehr interessiert, meine Heimfahrt trat ich aber eher in einem ‚*Abgrundtief*'- als im Hoch-Gefühl an.

Freiburg, 1998

Zum traditionellen Schwarzwälder Hüttenseminar des
Arbeitskreises von **Heino Finkelmann**[7] [16] wurde ich
in den Schwarzwald eingeladen. [17] Als eine der Abendveranstaltung fand ein ‚Biersorten-Raten' statt. Die
studentischen Organisatoren hatten 20 verschiedene
Biermarken der Region gekauft, die Etiketten umwickelt
und in Verkostungsmengen ausgeschenkt. Man musste
die Brauerei erraten. Als Außenstehender hatte ich keine
Chance und genoss ohne Anspannung die Kostproben.
Die Durchschnittstreffer lagen erstaunlicherweise bei ca.
acht bis zehn, ein Hinweis, wie verbunden der Arbeitskreis
trotz des vorzüglichen Weinangebots um Freiburg doch
auch dem Bier war. Der Sieger hatte unglaubliche siebzehn
Punkte! Er gewann den ersten Preis, einen Hubschrauber-
Rundflug über dem Schwarzwald mit dem Privat-Hub-
schrauber von **H. Finkelmann,** geflogen von ihm selbst.
Man sagte mir später im Vertrauen, solche ersten Preise
seien doch eher gefürchtet gewesen. Mich verwunderte
dies nicht, im Vergleich zu meinem viel harmloseren Ruf
als Autofahrer (s. Frauenpower II).

Straßburg, 1998

Auf der 17. Internationalen Flüssigkristall-Konferenz in
Straßburg [18] wurde **Helmut R. Brand**[8] zu unser aller
Verwunderung ein Vortrag verwehrt. Man wies ihm ein

---

[7]Prof. Dr. Dr.h.c. **Heino Finkelmann** (*1945), Prof. Institut für makromolekulare Chemie, Universität Freiburg: 1984–2010.
[8]Prof. Dr. **Helmut R. Brand** (*1952), Prof. Univ. Bayreuth: 1992–2018
(persönl. Mitteilung).

Poster zu. Er reagierte souverän und zugleich publikumswirksam. Seine Posterwand zierte ein großes Porträtfoto seiner selbst, darunter ein Abstract mit wenigen Zeilen. Daraufhin angesprochen meinte er, wenn jemand etwas wissen wolle, er könne alles direkt erzählen.

Diese selten geübte Technik der Posterpräsentation entsprach allerdings voll und ganz seinem besonderen Vermögen, sein Fachgebiet zu vermitteln. Ich erinnere mich an einige seiner Vorträge in theoretischer Physik der Flüssigkristalle. Sie waren – bei fast durchweg strenger Vermeidung von mathematischen Formeln – die einzigen, bei denen man, solange **H. Brand** sprach, das Gefühl hatte, die Materie gut zu verstehen. Wenn dieses Verständnis dann dennoch im Verhältnis zum zeitlichen Abstand des gehaltenen Vortrags langsam wieder etwas abnehmen konnte, lag dies sicherlich ausschließlich am Zuhörer. Untermauert wurde diese persönliche Einschätzung durch die erstmalige Verleihung des ‚Preises für Gute Lehre‘ des Bayerischen Wissenschaftsministerium im gleichen Jahr 1998. **H. Brand** konnte sich den mit 8.000 DM dotierten Preis mit einem Bayreuther Geisteswissenschaftler teilen. [19]

Auch hier gilt der Satz: *„Es ist viel leichter, etwas kleines Anspruchsvolles lange und umfangreich zu beschreiben, d. h. aus einer Mücke einen Elefanten zu machen, als etwas großes Anspruchsvolles kurz und knapp zu erklären, d. h. aus einem Elefanten eine Mücke zu machen“*.[9]

In diesem Sinne könnte man **H. Brand** innerhalb der Naturwissenschaften als einen der gehaltvollsten Vertreter einer ‚Ästhetik der Reduktion‘ [20] oder der Stilrichtung ‚Kommunikativer Minimalismus‘ nach dem Motto *„Weniger ist mehr“* betrachten (s. aber Nobelpreisträgervortrag **P. Flory,** 1982).

---

[9]Eigenformulierung.

Japan, 1999, 2000

Sandalismus

Gästehaus, Aso Park

Während meiner erste Japanreise 1999 machte ich Station an fünf Universitäten. Die erste, die Reise bewirkende Einladung, kam von **Akira Mori**[10] nach Fukuoka. [21] Das Wochenende verbrachten wir im Gästehaus der Universität im Aso Nationalpark in der Nähe des gleichnamigen Vulkans. Für mich als Japan-Neuling barg dieser Aufenthalt Überraschungen. An der Eingangstüre des Gästehaus angekommen, mussten wir unsere Schuhe aus- und ‚Flur-Sandalen‘ anziehen. Schlaf- und Aufenthaltssaal waren mit klassischen, dicken Bodenmatten, den ‚Tatamis‘ ausgelegt. Diese durften nur barfuß betreten werden. Für die Dusch- und Toilettenräume gab es extra ‚Waschraum-Sandalen‘.

Wir saßen abends auf den Tatamis, jeder hatte einen schönen ‚Yukata‘ an (eine einfache Variante des ‚Kimonos‘) und aßen traditionell aus vielen kleinen Töpfchen sehr leckere Gerichte und tranken Sake. Nach einer Weile wollte ich die Toilette aufsuchen. Vor dem Aufenthaltsraum zog ich herumliegende ‚Flur-Sandalen‘ an, die ich vor den Waschräumen wieder auszog, um dort in die ‚Waschraum-Sandalen‘ zu schlüpfen. Voll der neuen Eindrücke und des genossenen Sakes vergaß ich auf dem Rückweg völlig den gesamten Sandalenwechsel rückwärts und betrat die Tatamis des Aufenthaltsraums mit den ‚Waschraum-Sandalen‘. Ein schlimmere Todsünde

---

[10]Prof. Dr. **Akira Mori,** Prof. Institute of Advanced MaterialStudy, Kyushu University, Fukuoka, Japan.

hätte ich nicht begehen können. Es dauerte vielleicht eine halbe Stunde, bis das Gesprächsthema gewechselt werden konnte.

Zu dieser Konferenz und dem Wochenende war auch **R. Huisgen** (s. München 1978: Atmosphärisches) eingeladen. Ich glaube, er hatte – auch hinsichtlich der Sandalen – mehr Japanerfahrung.

Tokio 1999

Beim Besuch an der Universität Tokio [22] mussten wir am Institutseingang ebenfalls unsere Schuhe ausziehen und in irgendwelche bereitliegenden Sandalen wechseln. In diesem Fall stellte ich meine tiefe Achtung fremder Traditionen hintan und fand insgeheim diesen Brauch – jedenfalls im chemischen Umfeld – aus zwei Gründen unvorteilhaft. Unabhängig davon, dass ich zu Hause aus hygienischen Gründen kaum fremdes Schuhwerk benutzen würde, waren Sandalen im Labor ungeeignet. Wie wir bei früheren Werksbesichtigungen chemischer Betriebe in Deutschland erfahren hatten, wurden auch schon damals Sicherheitsschuhe zum stabilen Tritt, gegen ätzende Chemikalien und der antistatischen Eigenschaften wegen getragen. In unseren Institutslabors waren Sandalen jedenfalls nicht erlaubt.

Sendai, 2000

Fremdsprachen

Ein Jahr später nahm ich an zwei Flüssigkristall-konferenzen in Sendai und Tokio teil. Während eines Abendempfangs in Sendai [23] kam ich nach einem fantastischen, traditionellen, japanischen Trommelkonzert mit der Gattin eines berühmten Flüssigkristallpioniers ins Gespräch. Wir unterhielten uns über kulturelle Prägungen und nationale Eigenheiten. Dabei bemerkte sie, dass sie in der Schweiz Deutsch als erste Fremdsprache lernen würden. Schon im Hinblick auf die verschiedenen alemannischen Dialekte, die das ‚Schwyzer Dütsch' ausmachen, meinte ich, wir in Deutschland täten das auch. Sie blickte überrascht auf. Ich versuchte ihr mitzuteilen, dass es in Deutschland so viele, sehr unterschiedliche Dialektgruppen gäbe – Sächsisch, Oberbayrisch, Fränkisch (s. Bayreuth 1978–2008: 1978–1982: Die Sprache, Die Mentalität), Schwäbisch, Pfälzisch, Rheinländisch, Niederdeutsch etc. –, die weitverbreitet und alltäglich gesprochen würden. Hochdeutsch würden viele ebenfalls erst in der Schule lernen. Ich könne ein Beispiel für die lebendige sprachliche Bandbreite anführen. Zwei Mainzer treffen und begrüßen sich. Auf Standarddeutsch: *„Oh, guten Tag, wo gehst Du hin?"* Antwort: *„Ah, ich gehe nach Gonsenheim"* (ein Vorort von Mainz). Auf real gesprochenem Mainzerisch: *„Au gudde, wo mach'schen hie?"* Antwort: *„Ei, isch mach uff Gunsenum"*. Sie war offensichtlich von dieser kleinen Kostprobe sehr beeindruckt. Ob sie das dann auch auf die schweizer Verhältnisse übertrug, entzog sich meiner Beobachtung.

Ausflug

An einem freien, sonnigen Tag wollten **Carsten Tschierske**[11,12] und ich einen Ausflug zu einem ca. 30 km nördlich von Sendai, in einem Naturpark gelegenen Badestrand unternehmen. Die Organisatoren schrieben uns

---

[11]Prof. Dr. **Carsten Tschierske** (*1956), Prof. Universität Halle: ab 1994.

[12]Curriculum Vitae, URL: https://www.chemie.uni-halle.de/bereiche_der_chemie/organische_chemie/33685_47302/vitae

den Namen der Vorortbahn-Station in Japanisch auf einen großen Zettel und informierten uns noch, dass wir aufpassen sollten, nicht jeder Zug würde auf unserer Station halten. Mit dem Japan-Papier bewaffnet, lösten wir die Fahrkarten und fanden das Abfahrtsgleis heraus. Beim Einfahren des Zugs postierten wir uns in Höhe des Lokführers und zeigten ihm die Schriftzeichen. Beim ersten Zug kreuzte dieser die Arme, hier konnten wir also nicht einsteigen. Beim nächsten Zug zeigte der Daumen des Zugführers nach oben. Hier fuhren wir mit und beachteten dann genau die Zeichenfolge auf den Bahnhofsschildern. Nach der zehnten Station waren diese identisch mit denjenigen auf unserem Zettel und wir stiegen aus. Den wunderschönen Sandstrand erreichten wir nach ca. 15 min Fußmarsch. Später sahen wir, dass von einer kleinen Station aus anscheinend Bootsfahrten zu den malerischen Felseninseln in der Bucht angeboten wurden. Wir lösten Karten und genossen Luft, Sonne und das unglaublich bizarre, wunderschöne Felsenpanorama während der ca. zweistündigen Fahrt, die wie erhofft, tatsächlich eine Rundfahrt war.

Abends nahmen wir den Zug zurück, landeten erfolgreich in Sendai und hatten einen herrlichen Tag erlebt.

Tokio

Im Anschluss an Sendai war ich noch zu einem Vortrag in Tokio eingeladen. [24] Man bat mich auf der geselligen Abendveranstaltung eine Stehgreifrede vor großem, internationalem Publikum zu halten. Ich konnte meinen Nachbarn, einen Deutschen, der eine Japanerin geheiratet hatte und bereits seit 8 Jahren hier lebte, gerade noch fragen, was ‚Danke‘ auf Japanisch heiße? Die einfachste, ziemlich spröde, trockene Form sei: *„Dômo“*, die sehr höfliche *„Dômo arigatou gozaimasu“* (das ‚u‘ wird nicht gesprochen). Ich benutzte nun einen (japanisierten) Trick, der Jahre zuvor von **Eric Goethals**[13] [25] in ähnlicher Situation auf einer internationalen Makromolekularen Konferenz praktiziert wurde und der mich sehr beeindruckt hatte. Bei der völlig anderen Klientel bestand kein Risiko der Wiederkennung und Plagiatverdächtigung. Ich begann also mit den Worten, ich hätte für solche unerwarteten Gelegenheiten immer zwei Reden vorbereitet, eine kurze und eine lange. Ich würde mit der ‚kurzen‘ beginnen: *„Dômo“*. Sehr lange Pause meinerseits … – weitgeöffnete, runde Augen, auch der vielfach asiatischen Zuhörer. Ich erklärte: *„This was my short speech“* und kündigte dann meine ‚lange Rede‘ an: *„Dômo arigatou gozaimasu“*. Wiederum anhaltende, sehr gedehnte Pause meinerseits … dann die Feststellung: *„This was my long speech“*! Darauf folgte ein heftiger Ausbruch herzhaften Lachens der gesamten Zuhörerschaft. Ich fuhr danach fort, meine zwei Reden nur noch kurz erläutern zu wollen, weswegen der Dank etc. etc. und füllte damit ca. 10 min, wie veranschlagt.

Etwas später nahm mich ein Südkoreaner lächelnd zur Seite, ob ich ein Patent auf die Reden hätte, er wolle diese schöne Technik demnächst auch gerne selber anwenden.

---

[13]Prof. Dr. **Eric Goethals** (*1936). Prof. Universität Ghent: 1967–2002.

Iwanowo, 2000

Im September 2000 veranstaltete ich in Bayreuth die zweite der CCMM Konferenzen.[14] Hierzu lud ich den japanische Kollegen **A. Mori** ein. Zusammen mit **Klaus Praefcke**[15] fuhren wir dann fünf Tage später gemeinsam zu einer Flüssigkristall-Konferenz nach Iwanowo, [26] organisiert von **N. Usol'tsewa** (s. Mitarbeiter, Gäste, Kooperationen: Iwanowo). Es war der erste Aufenthalt von **A. Mori** in Russland. Ich glaube, für einen Japaner, dessen besondere, subtile, ritualisierte Umgangsformen kein Europäer wiederholen kann, war der Unterschied zu Osteuropa noch ausgeprägter als für uns.

Frühstück

Wir wohnten zu dritt in einem monumentalen, mit schwerem Dekor ausgestatteten, ansonsten völlig leeren Gewerkschaftspalast. Unser Frühstück zog sich jeden Morgen über ca. 70–80 min hin. Obwohl drei Bedienstete zu sehen waren, mussten wir 10 min warten, bis sie uns Tassen und Teller hinstellten, nach weiteren 5 min kam dann das Brot, dann später das Besteck, der Kaffee, später die Marmelade und noch später der Zucker usw. Zwischendurch hörten wir fröhliches Gelächter aus der Küche und die kommandierende Dame der Besatzung rauschte alle zwei Minuten aus unerfindlichen Gründen an uns vorbei. **K. Praefcke** nannte sie die ‚Fregatte‘, weil sie eine riesige weiße Stoffschürze umgebunden und auf dem Kopf eine große Dreiecks-Haube festgezurrt hatte,

---

[14]2nd International Conference on Chemistry and Characterization of Mesophase Materials, CCMM 2000, Bayreuth, September 2000.

[15]Prof. Dr.-Ing. **Klaus Praefcke** (1933–2013), Prof. Organische Chemie, TU Berlin: 1971–1998.

die wie ein Segel im Wind flatterte. Außerdem sah man durch ihre beträchtliche Volumenverdrängung förmlich eine Bugwelle vor ihr herströmen. Beschwerden **K. Praefckes,** der etwas russisch konnte, über eine zu lange Manövrierzeit zu unseren Lasten versprühten wie Gischt an ihrer Breitseite.

Wodka

Vor allem die Konferenz-Abendessen hatten es in sich. Die Tische bogen sich (u. a. viel Fisch und Mehlspeisen). **A. Mori** der die japanische Schüsselchen-Vielfalt, aber jeweils in geringen Mengen, gewöhnt war, nippte hier und da und war schnell satt. Zu trinken gab es ganz am Anfang einige wenige Flaschen eines süßen georgischen Weines, der großen Zuspruch fand und sofort ausgetrunken war. Dann blieb als Standardgetränk Wodka übrig. Nach einem Gläschen bat **A. Mori** mich, nur noch heimlich mit Wasser nachzufüllen, was ich ihm gleichtat. So überlebten wir heil alle die vielen, traditionellen Toasts auf die schönen Frauen und danach den weiteren Verlauf des Abends mit Gesang und Tanz, sodass wir am nächsten Tag die Vorträge aufmerksam hätten verfolgen können.

Leider waren die allermeisten auf Russisch, nur die wenigen internationalen Teilnehmer sprachen Englisch. Wir beschlossen daher, den Schwerpunkt unseres Aufenthalts dem Besuch der Stadt und ihren Museen und den Konferenz-Exkursionen in die wunderbaren Städte Susdal und Kostroma, Mitglieder der Gruppe ältester Orte im russischen Kernland, dem sogenannten ‚Goldenen Ring‘, [27] zu widmen.

Freiburg, 2003

Die Rückfahrt von unserer jährlichen Arbeitstagung Flüssigkristalle in Freiburg [28] gestaltete sich in diesem Jahr besonders denkwürdig. Ich wollte dem chinesischen Postdoktoranden, dem spanischen und den zwei litauischen Mitarbeitern durch die Route auf der links-rheinischen Seite, die Schönheiten der Weinstraße des Elsass und seiner Metropole zeigen. In Straßburg fanden wir noch einen freien Parkplatz in einer Straße nahe der alten Stadtmauer. Wir liefen durch das malerische Gerber-viertel zum Münster, besichtigten dieses, tranken einen Kaffee am Münsterplatz und gingen zurück. An der Stelle angekommen, wo wir das Auto geparkt hatten, war dieses verschwunden. Ich lief in das gegenüberliegende Kaffee und fragte, ob etwas bemerkt worden sein. Ja, vor 15 min sei die Polizei erschienen und hätte alle Wagen abgeschleppt, die in der heute verbotenen, gelben Zone abgestellt waren. Erst dann sahen wir, dass die eine Straßenseite blau, die andere gelb markiert war. 50 m entfernt stand ein Schild, das auf Französisch erläuterte, dass in der gelben Seite vom 01.–15. eines Monats das Parken verboten und vom 16.–31. erlaubt war. Uns wurde empfohlen, wir sollten uns sehr beeilen, die zuständige Polizeistation sei noch 20 min bis 17:00 Uhr geöffnet. Wir rannten dorthin. Der zuständige Sachbearbeiter drückte kein Auge zu gegenüber den Auswärtigen, des Französischen nicht besonders mächtig (was ja eigentlich nicht der Fall war). Wir mussten eine saftige Gebühr ent-richten, uns ein Taxi nehmen und 25 km zum Abstell-platz außerhalb Straßburgs fahren, um dort nochmals eine Gebühr an das private Abschleppunternehmen zu zahlen. Dann konnten wir die Heimfahrt antreten. Ins-gesamt zahlte ich fast 300 €, der teuerste Kaffee, zu dem ich meine Mitarbeiter jemals eingeladen hatte. Dabei hatten wir noch Glück. Eine Dame aus Stuttgart erschien auf der Polizeiwache um kurz vor 17:00 Uhr, zu spät für eine Bereinigung ihres gleichartigen Problems. Sie musste – voller Verzweiflung alle Termine am nächsten Tag absagend – in Straßburg übernachten.

Litauen, 2007

Als letzte Konferenz sei hier das Polymer Symposium in Litauen erwähnt, zu dem mich **J. Gražulevičius** (s. Kaunas I) einlud. [29] Es handelte sich zwar nicht um die letzte Konferenzteilnahme, aber diejenige mit einer gewissen, nachträglichen Symbolik. Ich stellte unsere neuartigen magnetischen Gele aus thermoreversibel gelierten Ferrofluiden vor. Dafür hatten wir in Bayreuth mit einer Plätzchenform ein ‚Wackelpudding'-Männchen gegossen. Bei Annäherung eines Magnetes winkte es mit dem Arm oder nickte mit dem Kopf – eigentlich die passende Abschiedsanekdote.

Literatur

1. Günter Lattermann, *„Di-(1-phenylvinyl) compounds and their reaction with electron transfer reagents"*, 23th IUPAC International Symposium on Macromolecules, Madrid, Spain, September 1974.
2. Günter Lattermann, *Phase behaviour of alkylchain substituted triazine and benzene derivatives as model compounds for appropriate polymers,* IUPAC Macromolecular Symposium, Merseburg, Juli 1987.
3. Autorenkollektiv, *Organikum*, 1. Auflage, VEB Deutscher Verlag der Wissenschaften, Berlin 1962.

4. Lothar Kolditz (Hrsg.), *Anorganikum, Lehr- und Praktikumsbuch*, VEB Deutscher Verlag der Wissenschaften, Berlin 1967.

5. Rudolf Bridčka. *Grundlagen der physikalischen Chemie*, Deutscher Verlag der Wissenschaften, Berlin 1958.

6. Joachim Ulbricht, *Grundlagen der Synthese von Polymeren*, Akademie Verlag Berlin 1978.

7. Hendrik Lasch, *Von Ammoniak bis Zwangsarbeit*, URL: https://www.neues-deutschland.de/artikel/1003921.von-ammoniak-bis-zwangsarbeit.html

8. Hans-Hermann Hertle, *Chronik des Mauerfalls*, Ch. Links Verlag, Berlin 1999.

9. Günter Lattermann, *Synthesis and Characterization of New Hydroxy Group Containing Liquid Crystals*, 12. Internationale Flüssigkristall-Konferenz, Freiburg, August 1988.

10. Günter Lattermann, *Nieder- und hochmolekulare flüssigkristalline Diolverbindungen* Physikalisch-chemisches Kolloquium, Universität Halle/Saale, Dezember 1989.

11. Günter Lattermann, *Metallomesogens with Azacycloalkane Ligands*, Gordon Research Conference on Liquid Crystals, Wolfeboro, USA, Juni 1993.

12. Günter Lattermann, *Liquid Crystalline Alkylene Amide Derivatives* (Poster), 16th International Liquid Crystal Conference, Kent, Ohio, USA, Juni 1996.

13. Zoltán Kövecses, *American English – an Introduction*, Broadview Press Ltd., Peterborough, Kanada, 2000, S. 68 ff.

14. Günter Lattermann, *Metallomesogens with Macrocyclic and Related Linear or Branched Ligands*, Plenary Lecture, 5th International Symposium on Metallomesogens, Neuchâtel, Switzerland, June 1997.

15. Günter Lattermann, *Flüssigkristalline oligo- und polymere Alkylenaminderivate*, Makromolekulares Kolloquium der Johannes-Gutenberg-Universität, Mainz, Januar 1997.

16. Rolf Mühlhaupt, *60th Birthday of Prof. Dr. Dr.h.c. Heino Finkelmann*, Macromol. Rapid. Commun. (2005), 26, S. 201.

17. Günter Lattermann, *Bayreuther Dendromesogene und Konsorten*, Hüttenseminar AK Finkelmann, Wehrhalden, Germany, Januar 1998.

18. Günter Lattermann, *Metallomesogens with a Poly(propylene imine) Dendrimer Ligand of the 2nd Generation*, 17th International Liquid Crystal Conference, Strasbourg, Frankreich, Juli 1998 (Eingeladener Vortrag).

19. Ursula Küffner, *Preis der guten Lehre an Bayreuther Wissenschaftler*, idw-Informationsdienst der Wissenschaft (1999), URL: https://idw-online.de/de/news?print=1&id=9259

20. Marina Ortrud M. Hertrampf, *Photographie und Roman*, transcript Verlag, Bielefeld 2011, S. 50.

21. Günter Lattermann, *Liquid Crystalline Dendrimers*, 5th IAMS International Symposium – New Reactions and Novel by Structures, University of Kyushu, Fukuoka, Japan, November 1999.

22. Günter Lattermann, *Hindering of Mesophase Formation by Chirality in Liquid Crystalline 1,2-Bis(amino)cyclohexane Derivatives*, Department of Chemistry and Biotechnology, The University of Tokio, November 1999.

23. Günter Lattermann, *Liquid Crystalline Perfluoroalkyl alkoxy Benzoic Acid, Esters and Amides*, 18th International Liquid Crystal Conference ILCC 2000, Sendai, Japan, Juli 2000, (Chairman of the 1. chemistry session).

24. Günter Lattermann, *Dendrimeric Metallomesogens and Related Materials*, Japanese Society for the Promotion of Science JSPS, Symposium on Frontiers of Liquid Crystal Science, Science University of Tokyo, Tokyo, Japan, Juli 2000 (eingeladener Vortrag).

25. Filip Du Prez, *Introduction. Polymer Chemistry for the design of New Materials*, Polymer International (2003), 52, S. 1557–1558.

26. Günter Lattermann, *Characterisation of Amphiphilic Dendromesogens* (Eingeladener Vortrag), The 4th International Meeting on Lyotropic Liquid Crystals LLC 2000, Ivanovo, Russia, September 2000.

27. Evelyn Scheer, Andrea Hapke, *Moskau und der Goldene Ring – Altrussische Städte an der Moskva, Oka und Volga*, Trescher Verlag GmbH, Berlin 2005.

28. Günter Lattermann, *Liquid Crystalline Low Molecular and Polymeric Pyridinium Compounds*, 31. Arbeitstagung Flüssigkristalle, Freiburg, März 2003.

29. Günter Lattermann, *Metal Nanocomposites: Dendrimers and Ferrogels,* Baltic Polymer Symposium, Druskininkai, Litauen, September 2007.

Teil II

Betrachtungen

Studienzeit, Nachtrag

Ein Kriminalroman und eine Comicserie nehmen Bezug auf die Chemieausbildung in Mainz. Das konnte natürlich nicht unerwähnt bleiben.

In der Mitte der Niederschrift von Teil I bin ich im Internet zufällig auf zwei Werke gestoßen, die auf völlig unterschiedliche Weise mit der ganz am Anfang beschriebenen Mainzer Studienzeit zu tun haben.

Beide bestätigen in ihrer Art eine Aussage, die sich in einem herausragenden Lehrbuch der Chemie für Anfänger findet: *„Chemie kann man anscheinend nur lieben oder hassen"*. [1]

© Der/die Herausgeber bzw. der/die Autor(en), exklusiv lizenziert durch Springer-Verlag GmbH, DE, ein Teil von Springer Nature 2020
G. Lattermann, *Chemiepark*,
https://doi.org/10.1007/978-3-662-62174-5_8

Krimi

Da ist zunächst einmal der Kriminalroman „Das Mainzer Mörderpendel" zu nennen, von einem Autor, der als der *„Leitwolf der Mainzer Krimiszene"* bezeichnet wurde. [2] Über die kriminalistischen und literarischen Qualitäten soll hier nicht geurteilt werden. Bemerkenswert sind aber einige Passagen, die das Mainzer Chemie-Praktikum und eine Vorlesung in organischer Chemie einbeziehen. Auch wenn die Handlung fiktiv sein mag, lugt eine starke Frustration des Autors hinter jeder Zeile hervor. Nur eine reale, ‚subjek*tief*' erlittene Erfahrung mit der Chemie kann dem zugrunde liegen. Kennzeichnend hierfür sind unschöne Auslassungen über handelnde Ausbilder und Lehrende und ihre als hässlich empfundenen, persönlichen Eigenheiten.

Danach wird noch ein Physikprofessor zitiert, der in einer *„Einführungsveranstaltung den Unterschied zur Chemie lächelnd so zusammengefasst* [habe]: *In der Physik stimmt die Chemie zwischen den Mitarbeitern und Studenten, in der Chemie noch nicht einmal die Physik".* [2, S. 18–23] Dazu lässt sich aus Chemikersicht nur sagen: Eine Berufsgruppe, die sich ihrerseits *„Formeln nicht merken kann, sondern immer nur herleiten muss"*[1] sollte sich tunlichst zurückhalten.

---

[1]Aussage des geschätzten Bayreuther Professors für Theoretische Physik **Helmut Brand.**

Comic

Ausgesprochen erfrischend fand ich dagegen die Comicserie „*Ollis Geschichten aus dem Abzug*" über die Mainzer Chemie-Praktika. [3] Aus diesem – jedenfalls für Chemiker – köstlichen, die Nägel auf den Kopf treffenden, aus dem vollen Leben von Chemiestudenten schöpfenden Bericht, lassen sich aber noch weitere Schlüsse ziehen.

Literatur

1. Stefanie Ortanderl, Ulf Ritgen, *Chemie – Das Lehrbuch für dummies*, 2. Auflage, Wiley-VCH GmbH & Co KG, Weinheim 2018, S. 29.
2. Jean C. Becker, *Das Mainzer Mörderpendel*, Selztal-Verlag, Appenheim 2005. URL: https://books.google.de/books?id=YT3C8CWZFREC&pg=PA21&dq=Namensreaktionen&hl=de&sa=X&ved=0ahUKEwiaz4e0w-7mAhUDNOwKHUPtBMoQ6AEIRzAE#v=onepage&q=Namensreaktionen&f=false
3. Oliver Heun, Iris Dillmann, *Olli's Geschichten aus dem Abzug*, 2002–2019; URL: https://www.ollicomics.com/comic/search?search=geschichten+aus+dem+abzug

Vielbegabte, Multitalente, ‚Scanner'

Das folgende Kapitel befasst sich – für manche Leser vielleicht ungewohnt – mit den überall zu findenden multitalentierten Chemikern. So wie Seife dafür sorgt, dass Fette und Öle in Wasser verteilt werden, so zeigt allein die Existenz dieser Spezies [23, 24] mit ihrer grenzflächenübergreifenden und phasenvermittelnden Wirkung, dass sich die ursprünglich als unverträglich und nicht mischbar erachteten Bereiche von Geistes- und Naturwissenschaft, Kunst und Technik sehr wohl nahe kommen und gemeinsam fruchtbar sein können.

Die gekonnten Zeichnungen, die treffenden Kommentare des genannten Comic-Autors sind ein gutes Beispiel dafür, dass es auch unter Chemikern neben hoch spezialisierten Spitzenkönnern auch anderweitig Interessierte gibt: Vielbegabte, Multitalente, Scanner, [23, 24] ‚Mehrkämpfer',
wie im Sport und vielen anderen Gebieten auch.

© Der/die Herausgeber bzw. der/die Autor(en), exklusiv lizenziert durch Springer-Verlag GmbH, DE, ein Teil von Springer Nature 2020
G. Lattermann, *Chemiepark*,
https://doi.org/10.1007/978-3-662-62174-5_9

Aufgrund der hohen Komplexität in Wissenschaft und Technik vermuten Außenstehende dort zunächst eine große Anzahl von Hochleistungs-Spezialisten. Diese sind mit voller Aufmerksamkeit fokussiert, wahre Könner ihres Gebietes. Jedoch gilt vermutlich auch der Aphorismus des berühmten (fiktiven) russischen Schriftstellers Kosma Prutkov: *„Der Spezialist gleicht einer ‚dicken Backe' bei Zahnweh: das große Volumen ist einseitig"*.[1]

Ein Experte hingegen verfügt durch einen breiten Wissensstand in seinem Fach einen umfassenden Überblick und weiß, was die einzelnen Spezialisten seines Bereichs selbst wissen und leisten. [1].

Vielbegabte/Multitalente können unter bestimmten Bedingungen Spezialisten ‚in Serie' sein. Das klingt eher paradox, denn Spezialisten gehen normalerweise völlig und ausschließlich in Ihrem Fachgebiet auf. [2] Für Serienspezialisten trifft das dann zeitlich versetzt, nacheinander zu. Allerdings könnten dabei als Folge mehrere Zähne abwechselnd wehtun, um bei Prutkovs Aphorismus zu bleiben.

Oder aber wir haben es mit Überblicksexperten mit einem gewissen Durchblick zu tun (s. auch: Zwei Kulturen). Hier besteht dann allerdings das Risiko zum ‚Generalisten' zu werden, der immer weniger über immer mehr weiß und somit logischerweise am Ende – als umfassender ‚Universalist' – nichts über alles weiß (manchmal Philosophen nachgesagt). [3]

Dagegen scheinen echte Multispezialisten und -experten, Vielbegabungen in gleichzeitiger, paralleler Ausformung die seltenere Spezies zu sein.

---

[1] *Früchte aus dem Denken Kosma Prutkovs* (1853–54), Nr. 101. URL: https://web.archive.org/web/20020106110333/http://www.geocities.com/uniart/mix/kp.htm

Mainz, Musik I

In der Mainzer Gruppe von **H. Höcker** studierte **Matthias Grätzel**[2,3] zusätzlich zur Chemie Gesang im Fach Tenor. Er war in Chemie so gut, persönlich unabhängig und selbstbewusst, dass er laut Bericht eines Schriftführers in einer der mündlichen Doktorexamen den Prüfenden mehr fragte, als der ihn. Er zog dann doch die Sängerkarriere vor.

Bayreuth

Altfränkisch

In der frühen Bayreuther Arbeitsgruppe ermittelte ein Mitglied durch das Studium frühmittelalterlicher, lateinischer Urkunden die Gründungsdaten und Anfangsgeschichte mancher fränkischen Dörfer und Städte, die dadurch zwar nicht größer, aber älter wurden.

Musik II

Ein anderer Bayreuther Chemiker **Markus Blomenhofer**[4] aus dem Arbeitskreis von **H.-W. Schmidt,** kompensierte die Geräuschproduktion seiner bereits erwähnten, später

---

[2]Dr. **Matthias Grätzel,** Gesangsstudium am Konservatorium Mainz und am Mozarteum Salzburg. Ensemble des Staatstheaters Meiningen.

[3]*Matthias Grätzel,* URL: https://www.meininger-staatstheater.de/personen/matthias-graetzel.html

[4]Dr. **Markus Blomenhofer,** Promotion Universität Bayreuth: 2003. Fa. Blomenhofer Pyrotechnik, Küps. Organist an der Johanniskirche, Küps-Johannisthal.

kommerzialisierten, pyrotechnischen Fähigkeiten[5,6] (s. 1994–2008: Pyrotechnik) mit harmonischerer Ton-erzeugung, indem er noch ein Orgelstudium mit Prüfung an- und abschloss und eine Organistenstelle annahm[7] – alles neben seiner Tätigkeit in einer Chemiefirma.

Musik III

Als ein weiteres Beispiel der Kombination von Chemie und Musik kann Prof. **Ulrich S. Schubert**[8,9] genannt werden. Ich kannte ihn zunächst in meiner Funktion als Leiter der makromolekularen Praktika in Bayreuth, wo er später im Arbeitskreis von **C. D. Eisenbach** (S. 1994–2008: Makro-molekulare Chemie II) von 1993–1995 promovierte. **U. Schubert** hatte 1993 am Anfang seiner Doktor-arbeit die Konzertreihe *„Forum junger Musiker"*, die bis 2009 Kammerkonzerte in Bayreuth aufführte, gegründet. Zusätzlich rief er 1994 die Internationale Junge Orchester-akademie, 1995 das *„Bayreuther Osterfestival"* (das seither besteht) und 2002 die Kultur- und Sozialstiftung *„Inter-nationale Junge Orchester-Akademie"* ins Leben.

---

[5]Blomenhofer *Pyrotechnik – professionelle Feuerwerke für alle Anlässe;* URL: https://www.blomenhofer-pyrotechnik.de/index.html

[6]Roger Martin, *Chemie beim Feuerwerk muss passen,* Obermain Tagblatt, Lichtenfels/Johannistal, 2017/2019; URL: https://www.obermain.de/lokal/obermain/art2414,609970

[7]*Kloster Banz, Choristisch brausend und erzählend,* Obermain Tagblatt 2017/19; URL: https://www.obermain.de/lokal/bad-staffelstein/art2486,548365?wt_ref=https%3A%2F%2Fwww.google.com%2F&wt_t=1581932346446

[8]Prof. **Ulrich S. Schubert** (*1969), Prof. Makromolekulare Chemie u. Nano-wissenschaften, Eindhoven University of Technology: 2000–2007, Prof. Organische und Makromolekulare Chemie, Friedrich-Schiller-Universität Jena: ab 2007.

[9]URL: https://www.schubert-group.uni-jena.de/iomc2media/Dokumente/Lebenslauf+Schubert_21_03_19_web_new-download-1.pdf. URL: https://www.schubert-group.uni-jena.de/iomc2media/dokumente/lebenslauf+prof_+dr_+ulrich+s_+schubert.pdf

Für eines der Bayreuth Polymer Symposien (BPS '99) organisierte und moderierte ich einen Konzertabend im Weißen Saal des nahe Bayreuth gelegenen Donndorfer Schlosses. [4] Dafür konnte ich unter Anderen die Bayreuther Chemikerin **Kathrin Frosch**[10] einen Physiker als Bariton, **U.' Schubert** als ausgebildeten Klarinettisten und seine Frau als Violinistin gewinnen. Das Ensemble der Multitalente („Scanner') erntete größten Applaus.

Musik IV

Als weiteres Beispiel kann **Dietrich Demus,**[11,12] Exponent der Flüssigkristallforschung in DDR, erwähnt werden. Er spielte nach einem Konferenzdinner – ich glaube in Halle[13] – die Klarinette in der Band, die für tolle Unterhaltung sorgte.

International

Musik V

Auf internationalem Parkett sei nur Prof. **Ronald Koningsveld** genannt.[14] [5, 6] Als Zweitstudium hatte er am Rotterdamer Konservatorium Dirigieren, Klavier und Komposition belegt. Zunächst Pianist und Arrangeur der Dutch Switch College Band, komponierte er später, schon Forschungsleiter der Firma DSM in Geleen, unter

---

[10]Dr. **Kathrin Frosch,** geb. Kürschner, Sopran, Promotion Bayreuth: 1999.

[11]Prof. Dr. **Dietrich Demus** (*1935), Prof. Martin-Luther-Universität Halle-Wittenberg: 1981–1990.

[12]*Curriculum Vitae Professor Dr. Dietrich Demus,* URL: https://www.leopoldina.org/fileadmin/redaktion/Mitglieder/CV_Demus_Dietrich_D.pdf

[13]6. Europäische Flüssigkristall-Konferenz, Halle, März 2001.

[14]Prof. Dr. **Ronald Koningsveld** (1925–2008), Prof. für Polymerwissenschaften, Univ. Antwerpen, Leiter der Grundlagenforschung von DSM, NL.

anderem mehrere Musikstücke mit Themen aus dem Bereich der Makromoleküle. So zum Beispiel die *Micro-symposiums Music* für Kammerorchester (gewidmet dem Prager Polymer Institut), den *Staudinger March* zum 100. Geburtstag des Nobelpreisträgers, eine *Short Communication on Polymer Chemistry* in Zwölftonmusik für Kammerorchester, die *Polymer Music,* eine Suite für zwei Flügel in sechs kurzen Sätzen (1. Satz: *„Statistische Knäuel und Vernetzungen",* 2. Satz: *„Polypentenamer und Phantom-Netzwerke",* 3. Satz: *„Löcher in polymeren Flüssig-keiten und ihre Theorien",* 4. Satz: *„Fluktuationen",* 5. Satz: *„Gefaltete Ketten"* und 6. Satz: *„Helikales Duett".* [7, 8]

Persönlich hatte ich einmal auf einem IUPAC-Kongress die Gelegenheit, den 1. Satz der Suite zu erleben. An zwei Flügeln spielten **R. Koningsveld** und **Walter Stockmayer,** ein Pionier der Polymerforschung.[15,16] In modernem, poly-phonem Stil durchdrangen sich die Polymerknäuel wie weichgekochte Spaghettis beim Umrühren, um durch fort-schreitende Verhakelung, Wechselwirkung und Vernetzung allmählich zu gefestigter, geordneterer Ruhe zu kommen. Chemie nicht nur zu sehen und zu riechen, sondern in Klängen (ohne Knallgeräusche) auch zu hören, konnte einem fachkundigen, empfänglichen und verständigen Publikum völlig neue Sphären eröffnen. Es war auf jeden Fall eine Delikatesse. Auch für diejenigen, die gewöhnlich Goldberg-Variationen den Schönberg-Reihen vorziehen.

---

[15]Prof. Dr. **Walter H. Stockmayer** (1914–2004), Prof. Massachusetts Institute of Technology MIT, Cambridge, MA, USA: 1952–1960, Prof. Dartmouth College, Hannover, NH, USA: 1961–1979.

[16]URL: https://chemistry.dartmouth.edu/news/dr-walter-h-stockmayer-1914-2004

Literatur

An Multitalenten zu nennen wäre auch **Carl Djerassi**.[17,18]
Er entwickelte bei der Firma Syntex die erste Antibaby-
pille und wurde dadurch als „*Vater der Pille*" bekannt. [9,
10] Er fand eigentlich den Beinamen „*Mutter der Pille*"
passender, da sie ja mit männlicher Anwendung nichts zu
tun habe. [11] In seinem ‚zweiten Leben' veröffentlichte
er als Autor und Dramatiker Lyrik und Kurzgeschichten,
erfand die neue Romangattung „*Science-in-fiction*" und
schrieb mehrere Theaterstücke.[9] In einem Interview
sagte **C. Djerassi:** „*Dinge wie Konkurrenz und Egozentrik,
[sind] gerade bei Naturwissenschaftlern sehr typisch [...].
Chemiker sind Machos, die Forschung im Labor betreiben
und nicht kapieren, dass Literatur viel schwieriger ist. Da
bin ich total alleine. Ich habe da niemanden, aber ich kann
auch niemanden brauchen*".[19] Im letzten Satz werden gleich
zwei in der Tat fundamentale Probleme für Multitalente
angesprochen.

Ich stand 2008/09 mit **C. Djerassi** in kurzem Kontakt
und warf dabei unter anderem die Frage auf, ob es nicht
strukturelle Ähnlichkeiten gäbe zwischen Lyrik, als der
Möglichkeit des dichtesten Gebrauchs von Buchstaben
(Sprache) und mathematischen oder chemischen Formeln
als ebenfalls höchst kondensierter Kombination von
Symbolzeichen und ob man daher nicht auch Formeln in
ein Gedicht einbauen könne? Angeregt wurde dies unter
anderem durch Aussagen im Werk des Schriftstellers

---

[17]Prof. Dr. Dr.h.c. mult. **Carl Djerassi** (1923–2015), bulgarisch-amerikanisch-
österreichischer Chemiker. Prof. Stanford Universität, CA, USA: 1959–2002.

[18]URL: https://geschichte.univie.ac.at/de/personen/carl-djerassi-prof-dr-dr-hc-
mult

[19]*Der Mann der nie zufrieden ist – Carl Djerassi, Autor und Erfinder der Anti-
babypille*, Frankfurter Allgemeine Sonntagszeitung, (25.02.2008), 25, S. 28.
URL: http://www.djerassi.com/faz2008/index.html

Wilhelm Bölsche (1861–1939) *„Die naturwissenschaft-lichen Grundlagen der Poesie"* [12]: *„Der Dichter [...] ist in seiner Weise ein Experimentator wie der Chemiker, der allerlei Stoffe mischt, in gewisse Temperaturgrade bringt und den Erfolg beobachtet. Natürlich: der Dichter hat Menschen vor sich, keine Chemikalien [...]. [Die] Leidenschaften [der Menschen], ihr Reagieren gegen äußere Umstände, das ganze Spiel ihrer Gedanken folgen gewissen Gesetzen [...] die der Dichter bei dem freien Experimente so gut zu beachten hat, wie der Chemiker, wenn er etwas Vernünftiges und keinen wertlosen Mischmasch herstellen will [...] ".*

C. Djerassi machte mich auf Roald Hoffmann[20] aufmerksam, den er einen produktiven und langjährigen Poeten (*„productive and long-term poet"*) nannte.

R. Hoffmann wurde 1981 mit dem Nobelpreis für Theorien zum Ablauf chemischer Reaktionen geehrt.[21,22] Insgesamt erhielt er 32 Ehrendoktorwürden. In Bayreuth wurde ihm 2011, anlässlich eines Vortrags, der Otto-Warburg-Preis überreicht. [13]

Ab Mitte der 1970er Jahre beschäftigte er sich mit Lyrik und Dramen und beleuchtete in zahlreichen Essays und drei Büchern ein Gebiet zwischen Wissenschaft, Kunst, Sprache und Philosophie. Zusammen mit **C. Djerassi** (s. dort) schrieb er ein Theaterstück *„Oxygen"*, das weltweit aufgeführt und in 10 Sprachen übersetzt wurde. [14]

R. Hoffmann betrachtete die Ähnlichkeiten, Unterschiede und wechselseitigen Beeinflussungen von Sprachformen in der Literatur, der Tonsprache in der Musik und

---

[20]Prof. Dr. Dr. h.c. mult. Roald Hoffmann (*1937), ab 1965 Prof. Cornell-Universität, Ithaca, NY, USA.

[21]*Roald Hoffmann – Long Biography.* URL: http://www.roaldhoffmann.com/long-biography

[22]*The Nobel Prize in Chemistry 1981.* URL: https://www.nobelprize.org/prizes/chemistry/1981

der Zeichen in bildender Kunst gegenüber der Symbol-
sprache der Chemie. [14–17]

Zwei Kulturen

Mit seinen Arbeiten befindet sich R. Hoffmann in einer
bis heute anhaltenden Diskussion, in der sich immer noch
hartnäckig die Meinung hält, es gäbe ‚zwei Kulturen'
der Geisteswissenschaften und Kunst einerseits und
der Naturwissenschaften und Technik andererseits, die
sich in gegensätzlicher (antagonistischer) Auseinandersetzung befänden, auch als *‚science wars'* bezeichnet.
[18] Hierbei zeigt die Betonung einer „*Dringlichkeit der
interdisziplinären Kooperation*" und ein geforderter „*Mut
zur energischen Grenzüberschreitung*", dass solche Dis-
kurse wenn überhaupt, dann immer noch vorwiegend von
Spezialisten geführt werden, die mit ihren zwei Beinen
vollkommen in einer der beiden getrennten Domänen
stehen und in die jeweils andere nur – im günstigsten
Falle kooperativ – hineinblicken. Wirksamer und nötiger
wären jedoch fachübergreifende Experten, die mit jeweils
einem Bein in einem der verschiedenen Felder stehen,
also beide zugleich betreten und bearbeiten können
(Zweifachbegabte, Bitalente). Sind sogar mehr als zwei
Bereiche im Spiel (Vielbegabte, Multitalente) muss man –
um im Bild zu bleiben – logischerweise noch die Hände
oder weitere Körperteile hinzunehmen (die Inanspruchnahme des Kopfes wird in allen Fällen sowieso voraus-
gesetzt).

Mit einiger Mühe ließen sich bestimmt noch viele
weitere Beispiele von nicht nur reflektierenden, sondern
auch praktizierenden, multitalentierten Chemikern
zusammenstellen (z. B. Alexander Borodin, [19] Max
von Pettenkofer, [20, 21] Otto Röhm [22] etc. und all

die vermutlich zahlreichen, weniger prominenten Zeitgenossen). Ein sicher interessantes Gebiet, wert ausführlicher bearbeitet zu werden.

Bitalent

Ansonsten soll hier genügen, noch auf eine viel trivialere, bitalentierte, aber immer angenehme Variante hinzuweisen.

Vermutlich ist auch heute noch die überdurchschnittlich hohe Affinität von zumindest präparativen arbeitenden Chemikern zu Kochkünsten branchentypisch. Das ‚Kochen' im Labor ist in der praxisnahen Ausbildung fundamentale Voraussetzung für den Beruf, die Rezepturen organischer Präparate sind dabei ungleich komplizierter als jedes Küchenrezept. Von daher war die damals in unseren Arbeitsgruppen häufig eingehaltene Tradition nicht verwunderlich, dass bei Geburtstagen ein selbstgebackener Kuchen mitzubringen war – bei männlichen Kollegen ohne Hilfe von Mutter oder Freundin.

Literatur

1. Brigitte Huber, *Öffentliche Experten*, Springer VS Fachmedien, Wiesbaden 2014, S. 29.
2. Barbara Sher, *Du musst Dich nicht entscheiden, wenn du tausend Träume hast*, Deutscher Taschenbuch Verlag, München 2016.
3. Hans Lenk, *Grußwort*, in Jürgen Mittelstraß (Hrsg.), *Die Zukunft des Wissens. XVIII Deutscher Kongress für Philosophie*, Akademie Verlag GmbH, Berlin 2000, S. 21.

4. Ursula Küffner, *Polymer und Material Symposium an Uni Bayreuth*, idw-Informationsdienst der Wissenschaft (1999). URL: https://idw-online.de/en/news?print=1&id=10153

5. Karel Dušek, *Obituary*, in Sabine Enders, Bernhard A. Wolf, "Polymer Dynamics – Liquid Polymer Containing Mixtures", Advances in Polymer Science (2011), 238, S. xi–xii.

6. Michael Hess, *Ronald Koningsveld*, Macromolecular Chemistry and Physics (2003), 204, S. 540–541.

7. Walter Stockmayer, Karel Dušek, *Ron Koningsveld*, Macromolecules (1995), 28, S. 3013–3014.

8. Jeffrey Kovac, Marshall Fixman, *Walter H. Stockmayer – Biographical memoirs*, National Academy of Sciences, Washington 2017, S. 1–20. URL: http://www.nasonline. org/publications/biographical-memoirs/memoir-pdfs/ stockmayer-walter.pdf

9. Bjorn Carey, *Carl Djerassi, Stanford professor and world-renowned chemist, dead at 91*. URL: https://news.stanford. edu/2015/01/31/carl-djerassi-obituary-013115

10. Carl Djerassi, *Steroid oral contraceptives, Science* (1966) 151, S. 1055–1061.

11. Elisalex Henckel, *Die „Mutter der Pille" wird 90*, Welt, 29.10.2013. URL: https://www.welt.de/print/welt_ kompakt/print_wissen/article121308638/Die-Mutter-der-Pille-wird-90.html

12. Wilhelm Bölsche, *Die naturwissenschaftlichen Grundlagen der Poesie – Prolegomena einer realistischen Ästhetik*, Erstdruck: Verlag von Carl Reissner, Leipzig 1887, S. 8.

13. Thomas Konhäuser, *Zwischen Chemie und Kunst: Nobelpreisträger Roald Hoffmann an der Universität Bayreuth ausgezeichnet*. URL: https://www.koschyk.de/fur-die-region/ zwischen-chemie-und-kunst-nobelpreistrager-roald-hoffmann-an-der-universitat-bayreuth-ausgezeichnet-8079. html

14. Case Western Reserve University, College of Arts and Sciences, *Chemistry in Art, Art in Chemistry, and the Spiritual Ground They Share*. URL: https://bakernord.case.edu/events/ roald-hoffmann

15. Roald Hoffmann, Ben Widom, *A Conversation with Roald Hoffmann*, eCommons, Cornell University Library. URL: https://ecommons.cornell.edu/handle/1813/3524
16. Roald Hoffmann, *Chemie als abstrakte Kunst*, Spektrum der Wissenschaften (2013), S. 82–86.
17. Roald Hoffmann und Pierre Laszlo, *Darstellungen in der Chemie – die Sprache der Chemiker*, Angewandte Chemie (1991), 103, S. 1–16.
18. Silke Jobs, *Selbst wenn ich Schiller sein könnte, wäre ich lieber Einstein. Naturwissenschaftler und ihre Wahrnehmung der ‚zwei Kulturen'*, Campus Verlag GmbH, Frankfurt a. M. 2005, S. 64–73.
19. Helmut Neubauer, *Chemiker und Musikant – Alexander Borodins Heidelberger Jahre (1859–1862)*, Heidelberger Jahrbücher (1980), 24, S. 81–94.
20. Rolf Selbmann, *„Chemische Kunst" – Max von Pettenkofer als lyrischer Dichter*, Bayerisches Kulturmosaik (1991), 91, Heft 4, S. 23–27. URL: https://epub.ub.uni-muenchen.de/5341/1/5341.pdf
21. LMU, *Der Forscher der die Hygiene erfand* (2018). URL: https://www.uni-muenchen.de/aktuelles/news/2018/pettenkofer.html
22. Ernst Trommsdorf, *Dr. Otto Röhm – Chemiker und Unternehmer*, 2. Auflage, Econ Verlag, Düsseldorf etc. 1084, S. 265, 279.
23. Anne Heintze, *Auf viele Arten Anders – die Vielbegabte Scanner -Persönlichkeit: Leben als kreatives Multitalent*, Ariston Verlag, München 2016.
24. Anette Bauer, *Vielbegabt, Tausendsassa, Multitalent?*, Junfermann Verlag, Paderborn 2017.

Der ewige Chemiker?

Dieses Kapitel wirft ganz kurz die Frage auf, ob sich der Archetyp des Chemikers, seine Ausbildung und Mainz eigentlich ändern können.

Die in der erwähnten, umfangreichen Comic-Serie (s. Teil II: Mainzer Studienzeit: Comic) geschilderten Szenen aus dem alltäglichen Laborleben belegen, dass Chemiestudenten offensichtlich auch über einige Generationen hinweg eigentlich die Gleichen bleiben. Es scheint da ein noch zu lokalisierendes, spezifisches Chemiker-Gen mit besonders ausgeprägten Mutations- und Epigenetikresistenzen zu geben. Dem müsste mal genauer nachgegangen werden.

© Der/die Herausgeber bzw. der/die Autor(en), exklusiv lizenziert durch Springer-Verlag GmbH, DE, ein Teil von Springer Nature 2020
G. Lattermann, *Chemiepark*,
https://doi.org/10.1007/978-3-662-62174-5_10

Das Chemiestudium

Die besagte Comicserie zeigt zudem, dass sich das Chemiestudium in der Zwischenzeit – trotz aller ungeheuren wissenschaftlichen Fortschritte – im Grunde genommen nicht allzu dramatisch verändert hat – irgendwie beruhigend, oder doch nicht?

Auch mit der straffen Verschulung durch die Bachelor- und Masterstudiengänge gibt es wohl immer noch genügend Raum und Zeit, sich mit manch anderen Dingen ein wenig zu beschäftigen.

Mainz

Die genannte Comicserie zeigt schließlich, dass der Geist dieser besonderen Stadt Mainz, in der ich meine Schüler-, Studenten- und einige Postdoc-Jahre verbrachte, anscheinend durch alle Zeiten- und Personenwechsel hindurch stark und prägend bleibt. Das muss dann auch für die *Alma Mater Moguntina* zutreffen.

Für deren Chemiestudium gilt womöglich immer noch der alte Spruch:

„Meenz bleibt Meenz – so wie es stinkt und kracht".
Na ja, vielleicht nur noch ein ganz klein wenig…

Erinnerungsarbeit

Erinnerungen, ob fröhlich oder belastend, sind immer wertvoll. Hier wird eine besondere Methode des ‚Gehirn-Googelns' vorgestellt.

Es sei noch erwähnt, dass neben dem aktiven Erinnern und den Spontaneingebungen beim Schreiben, Rasieren oder Duschen etc. [1], ein beachtlicher Teil meiner Erinnerungsarbeit nach der teilweise langen Zeit von fast 60 Jahren nicht von mir selbst, sondern nach und nach lediglich von meinem Gehirn geleistet wurde. Das klingt ungewöhnlich und paradox, ist aber leicht zu erklären.

Auch wenn einem nicht bewusst, arbeitet das Gehirn selbständig an Problemen weiter, die gerade anstehen. Jeder kennt das – man kann das ‚siebenter Sinn', ‚Intuition' oder ‚Bauchgefühl' nennen. [2] Mit zunehmendem Alter werden diese Schaltvorgänge langsamer, [3] ermöglichen aber gerade dadurch ein Gewahrwerden (und vielleicht sogar

G. Lattermann, *Chemiepark,*
https://doi.org/10.1007/978-3-662-62174-5_11

eine besser zu messende Erfassung?) der ursprünglich sehr schnellen Gehirnarbeit (Übertragungsgeschwindigkeit: bis zu 100 m pro sec [4]). Älterwerden hätte dann also auch Vorteile – wenigstens aus wissenschaftlicher Sicht.

In fortgeschrittenen Jahren trifft man so z. B. gute, seit Jahren nicht mehr gesehene Bekannte auf dem Marktplatz, begrüßt sie freudig, aber – peinlich, peinlich – ohne Namen, weil diese einem partout nicht einfallen wollen (ein Problem, das sicher nicht erst Sigmund Freud beschäftigte [5]). Nach herzlicher Verabschiedung geht man weiter, fühlt sich etwas vertrottelt und versucht, seine Aufmerksamkeit bald wieder anderen Dingen zu widmen. So gewöhnlich nach zwei Minuten schlägt dann der Blitz der Erkenntnis ein, die Namen sind wieder da. Wie seit jeher seine Aufgabe, hat sich der – grau gewordene – Spürhund im Gehirn in der Zwischenzeit selbständig des Problems angenommen, Nervenstränge durchschnüffelt, Speicherwinkel durchsucht, bis er fündig wurde und dann ‚laut gegeben'. Zwar zuverlässig, aber leider eben ein wenig langsamer als früher (und daher bemerkbar), aber etwas zu spät für die Bekannten und einen selbst.

Traum

Auch im Schlaf arbeitet das Gehirn. Nachts laufen unbewusste Routinen ab, Schaltkreise aktivieren sich, es wird aufgeräumt, verschoben, tief versteckt Gespeichertes taucht auf, Bilder werden sortiert oder entstehen neu – man träumt. [6]

Klartraum

Ein besonderer Bereich ist dabei der Übergang vom Schlaf-in den Wachzustand, öfter gegen morgen. Man kann dabei in ein Zwischengebiet des ‚Schlafs mit Bewusstsein‘ gelangen, den ‚luziden‘ oder ‚Klartraum‘. [7–9]

In ihm können verborgene Erinnerungen durch Graben im eigenen Hirndepot gehoben werden wie vergessene Schätze in den verstaubten Kellern des alten Ägyptischen Museums in Kairo [10] – eine Art gesteuerte ‚Auto-Archäologie‘ des Gehirns. Andererseits lässt sich im Klartraum aber auch Neues sehr effektiv abspeichern. [11] Dies macht sich neuerdings sogar das Sporttraining zunutze. [12–14]

Nicht nur durch Einfälle tagsüber, sondern auch im nächtlichen bzw. frühmorgendlichen ‚Herumdösen‘ ist also ein guter Teil der geschilderten Erinnerungen wieder ins Bewusstsein gelangt. Zusammen mit der notwendigen Literatur- und Archivarbeit ist dieses Bändchen somit viel umfangreicher geworden, als ich am Anfang ahnte.

Entstanden aus der Notwendigkeit, sich an Geträumtes – auch ‚Klargeträumtes‘ – nach dem Aufwachen möglichst genau zu erinnern bzw. es aufzuschreiben, da sonst aus dem Bewusstsein wieder verschwunden und zur Illustration des

‚Klartraums', füge ich ein – auch chemierelevantes [15] – Gedicht an, das ich 2011 schrieb:

Tauchernacht
oder
Den Seinen gibt's der Herr im Schlaf

Manchmal komme ich nachts
aus der dunklen Tiefsee des Schlafs
in die höheren Schichten
wo das Wachsein schon helle Strahlen
durch die schwankende Oberfläche wirft.

Wie in einem wunderbaren Riff
schweben dann Traumfische vorbei
bunt und in überwältigender Fülle.

Ich suche mir einen aus
tauche ihm nach
lasse ihn zwischen all den Korallenblumen
nach Futter suchen
sich in die zarten Seeanemonen flüchten
und in der sanften Strömung treiben.

Meinen Fisch sehe ich klarer und näher
als beim Schnorcheln im Roten Meer.
Ich kann ihm die Flossen länger
das Maul kleiner
oder den Bauch gelber werden lassen
gerade wie es uns passt.

Avicenna fand Erkenntnis im Schlaf
Kekulé die Ringform des Benzols
Mendelejew das System der Elemente.

Ich kann sie verstehen.

Literatur

1. Guenter Dueck, *Heute schon einen Prozess optimiert? Das Management frisst sein Mitarbeiter*, Campus Verlag, Frankfurt 2020.

2. Gerd Gigerenzer, *Bauchentscheidungen – Die Intelligenz des Unbewussten und die Macht der Intuition*, Goldmann Verlag, München 2015.

3. André Aleman, *Wenn das Gehirn älter wird*, Verlag C. H. Beck oHG, München 2013.

4. Wilfried Westheide, Gunde Rieger (Hrsg.), *Spezielle Zoologie, Teil 2: Wirbel- oder Schädeltiere*, 3. Auflage, Springer Spektrum, Berlin etc. 2015, S. 71.

5. Sigmund Freud, *Zur Psychopathologie des Alltagslebens – Über Vergessen, Versprechen, Vergreifen, Aberglaube und Irrtum*, Internationaler Psychoanalytischer Verlag, Leipzig etc. 1924. S. 5–12.

6. Michael H. Wiegand, *Neurobiologie des Träumens*, in Michael H. Wiegand, Flora von Spreti, Hans Förstl (Hrsg.), „Schlaf & Traum – Neurobiologie, Psychologie, Therapie", Schattauer GmbH, Stuttgart 2006, S. 17–36.

7. Brigitte Holzinger, *Der luzide Traum. Phänomenologie und Physiologie*, WUV-Universitätsverlag, Wien 1974.

8. Stephen LaBerge, Howard Rheingold, *Was Du träumen willst – Die Kunst des luziden Träumens*, 2. Auflage, mvg Verlag, München 2015.

9. Robert Waggoner, Caroline McCready, *Klarträume – Wege ins Unterbewusste*, Heyne Verlag, München 2016.

10. Zahi Hawass, *Foreword*, in "Anubis, Upwahet, and Other Deities", catalogue of the Egyptian Museum Cairo, Supreme Council of Antiquities, Kairo 2007, S. 1.

11. Christfried Tögel, *Träume – Phantasie und Wirklichkeit*, Deutscher Verlag der Wissenschaften, Berlin 1987. URL: http://www.max-stirner-archiv-leipzig.de/dokumente/Toegel-Traeume.pdf

12. Daniel Erlacher, Melanie Schädlich, Tadas Stumbry, Michael Schredl, *Time for actions in lucid dreams: effects of task modality, length, and complexity*, Front. Psychol. (2014), 4, S. 1–12.
13. Nina Weidinger, *Traumtraining*, Color of Sports (2016), S. 2–3.
14. Melanie Schädlich, Daniel Erlacher, *Practicing sports in lucid dreams – characteristics, effects, implications*, Current issues in Sport Science (2018), 3, S. URL: https://webapp.uibk.ac.at/ojs2/index.php/ciss/article/view/1965
15. Dieter Neubauer, *Kekulés Träume – Eine andere Einführung in die Organische Chemie*, Springer Spektrum, Berlin etc. 2014, S. 22–23.

Imageprobleme

Image, Prestige, Ansehen besitzt eine Person oder Sache zunächst nicht selbst, sondern sie entstehen durch einen Betrachtenden. Dieser interpretiert stets bestimmte Eigenschaften, die einem beobachteten Objekt innewohnen. ‚Die Chemie' kann also zu einem guten Teil die eigenen Eigenschaften überdenken, um so indirekt an ihrem Image zu feilen und zu polieren. Dies kann durch Informationen geschehen, aber viel stärker noch affektiv, auf einer wohlverstandenen Gefühlsebene. Die steigende Anzahl an Chemikerinnen gibt hierzu Anlass zu Hoffnung.

„Unromantische Nerds"

In den ‚Nachrichten aus der Chemie' vom Februar 2020 macht sich der Autor eines Artikels *„Unromantische Nerds"* Gedanken über das Image von Chemikern und

G. Lattermann, *Chemiepark*,
https://doi.org/10.1007/978-3-662-62174-5_12

173

dessen unmittelbare Auswirkung auf die *„eher geringen Ausbildungs- und Studienanfängerzahlen bei Chemieberufen".* [1].

Dabei stellt er die Frage, ob wir nicht nur am Image der Chemie bzw. der chemischen Industrie, sondern *„nicht eher am Image der Personen arbeiten"* [sollten], *die einen Chemieberuf ausüben, [...] und so für chemische Ausbildungsberufe und duale Studiengänge* [zu] *werben?* Statistische Erhebungen unter Schülern zeigten, dass Lernende den ‚typischen Chemiker' zwar als *„hochbegabter, klüger, logisch denkender als sie selbst,* [jedoch auch] *als sozial weniger fähig, aber auch weniger einfühlsam, sanft, gefühlsbetont und romantisch,* [und als] *naiver und kindlich Nerd"*-artig wahrgenommen werden.

Es gäbe daher zwei wesentliche Faktoren, die darüber bestimmen, ob ein Jugendlicher sich für einen Chemieberuf entscheide: einmal das Image des Chemieunterrichts und zum anderen der Unterschied zwischen der eigenen, persönlichen Wahrnehmung und dem Erscheinungsbild des ‚typischen' Chemikers.

Chemie-Image

Chemieunterricht

Der Chemieunterricht in den Schulen sollte in Grundzügen zur Allgemeinbildung gehören, um das verheerende Nicht- oder Halbwissen bei vielen Zeitgenossen und die damit verbundenen, allgemein verbreiteten Unsicherheiten, Ängste und Aversionen zu verringern oder gar zu vermeiden. Schon seit längerem wird darüber diskutiert, wie das Gros der Schüler durch ein lebensnahes und verständliches Vermitteln von naturwissenschaftlichen und damit auch chemischen Inhalten zu motivieren sei – zwingende Notwendigkeit hinsichtlich sinkender

Studentenzahlen. Wenn man die Schüler wirklich ansprechen wolle, müsse man sich nicht nur um den Stoff (wie es die Fachdidaktik tue), sondern gleichwertig auch um den Schüler, aber ebenso um die Wirkung des unterrichtenden Lehrers auf ihn kümmern. Hinzu komme dann noch die Notwendigkeit innovativer Lernmethoden und eine wenigstens ausreichende, digitale Kompetenz und mediale Unterstützung der Unterrichtsinhalte etc. [2]

Chemie-Information

So wie ein wirksamer Unterricht an Schulen ist auch die Information und Aufklärung eines breiten Publikums über Chemie im Allgemeinen und Kunststoffe/Plastik im Besonderen ebenso notwendig. Dabei sind ‚eingefärbte‘ Interpretationen von Erhebungen nicht das richtige Mittel. So wird z. B. über eine Umfrage des Verbands der Chemischen Industrie VCI *„Schwieriges Umfeld: Zustimmung zur Chemie sinkt"* berichtet: Alle Branchen hätten bei der aktuellen CID-Umfrage [2018] teils erhebliche Einbußen verzeichnen müssen. Eine *„überwiegend positive Beurteilung"* ergäbe sich für die chemische Industrie zu 61 %, die Kunststoffindustrie zu 41 % (sic!). *„Die Gründe für die Image-Rückgänge* [im Jahre 2018] *sind im Wesentlichen nicht brancheninterner Natur. Vielmehr herrscht in der Gesellschaft insgesamt eine deutlich kritischere Einstellung – insbesondere zur Sozialen Marktwirtschaft".* [3]

Der Präsident des Gesamtverbands der Kunststoffverarbeitenden Industrie (GKV) stellte fest: *„Das Geschäftsklima ist infolge der öffentlichen Debatte über Kunststoffe zwischen Zuversicht und Unsicherheit zweigeteilt". Einerseits lösten Kunststoffprodukte Probleme unserer Zeit, trügen zum klimaverträglichen Leben bei und vermieden Ressourcenverschwendung. Andererseits führten widersprüchliche Signale aus Gesellschaft und Politik zu Unsicherheit und weniger Investitionen.* [4]

Der aufmerksame Leser hätte eigentlich in beiden Fällen einige zeitgemäße, moderne Worte der Selbstreflektion und über Lernwilligkeit oder sogar Neuausrichtung erwartet, erhielt aber als Erklärung für Imageverlust, Unsicherheit und weniger Investitionen lediglich den Verweis auf branchenexterne Gründe (Soziale Marktwirtschaft, Gesellschaft und Politik) – ausgesprochen schade.

Eine andere Schwierigkeit ist das Negieren von Fakten und Vorkommnissen. Auf einer Sitzung einer Kunststoff-Fachgruppe im Jahre 2010 wurde anlässlich einer Diskussion über den sehr problematischen Film „Plastic Planet" [5] – hauptsächlich auf Betreiben eines gewichtigen Branchenverbands – beschlossen, nicht zu reagieren und den Film lediglich ‚totzuschweigen'.

Auch von daher gesehen ist sachliche, fundierte Information und Aufklärung eines breiten Publikums über Kunststoffe/Plastik gerade gegenwärtig noch notwendiger als früher.

Allein, eine an sich wünschenswerte, lediglich rationale Reaktion genügt jedoch keineswegs, wie später dargelegt wird (s. Emotion, Geschichte und Emotion, Werbung und Emotion).

Chemiker*innen-Image

Wie im Vorwort angedeutet, handelt es sich in Teil I, Anekdoten und Geschichten aus meinem Chemiker (Er-) Leben, nicht ausschließlich um nette, lustige und nostalgische Geschichtchen über in vielfältiger Weise bemerkenswerte Personen (dies auch). Es sollte zudem ein typisches Bild der Einbettung in die jeweilige Chemie- und allgemeine Zeitgeschichte widergespiegelt werden – jedoch abseits üblicher Historien-Pfade, eher aus dem

Bereich des oftmals vernachlässigten, aber dennoch so aussagekräftigen Alltäglichen, Menschlichen.

Zwar werden die oftmals weitverbreiteten Klischees über Chemiker durch Wissenschaftler selbst befeuert. Hierfür ist eine Einleitung zu einem Artikel über die Naturstoffchemie von Pilzen ein (sicherlich unfreiwilliges) Beispiel. Da heißt es: *„Sie sind geniale Chemiker: Pilze duften oder stinken, ein scharfer Geschmack weist auf ihre Ungenießbarkeit hin".* [6]

Aber die Anekdoten in Teil I sollen gerade solche Klischees (s. *„Unromantische Nerds")* relativieren indem sie sichtbar machen, dass viele Chemiker eben keine *„lebensfremden, dennoch irgendwie niedliche Nerds", „unrasiert, mit wirrem Haar und verwirrtem Blick", „kriminelle Drogenproduzenten mit Hang zu Sprengstoffen"* [1] (hier und da womöglich auch?), sondern dass sie – wie alle anderen Leute – *„einfühlsame, sanfte, gefühlsbetonte"* Seiten zeigen können. Vielleicht mit multiplen Talenten (s. Multitalent, Scanner), aber jedenfalls *„Menschen wie Du und ich, mit besonderem Interesse an Chemie".* [1]

Chemikerinnen

Übrigens erwähnt der junge Autor in der zitierten Literatur [1] (s. *„Unromantische Nerds")* merkwürdigerweise überhaupt nicht die vielen Chemikerinnen. Gibt es eigentlich auch **weibliche** *„unromantische Nerds"* (**Nerdinen?**), mit all den erwähnten Eigenschaften (*„unrasiert, mit wirrem Haar und verwirrtem Blick")* und wenn ja, wie viele?

Jedenfalls kommen heute (s. auch Bayreuth 1978–2008: 1982–84: Frauenpower) Chemikerinnen im Bewusstsein selbst von Sachkundigen und auch in der öffentlichen Meinung offensichtlich immer noch nicht genügend vor. Ähnlich verhält es sich ganz allgemein mit Frauen in der Wissenschaft und in akademischen und unternehmerischen Führungspositionen [7]: Es gäbe zwar die Gleichstellung als *„akzeptierte Zielsetzung"*, sie werde *„aber nicht ausreichend umgesetzt"*. Dafür sei *„eine Strukturveränderung und ein Kulturwandel nötig"* (auch noch 2020!). [8]

Seit geraumer Zeit finden sich immerhin blanke, uninterpretierte Daten für Studienanfängerinnen in Chemie: 1992 30 %, 2001 48 %; weibliche Promotionen: 1992 25 %, 2001 25 %. [9] Neuere Zahlen von 2017 zeigen einen Anteil von Chemikerinnen bei 35 % an der Gesamtzahl der Studierenden, einen Anteil bei 37 % an der Gesamtzahl der Promovierenden. [10]

Die Anzahl der ins Berufsleben tretenden Chemikerinnen dürfte also mittlerweile auf fast 40 % der Gesamtzahl gestiegen sein. Das ‚Chemiker'-Image wird sich dadurch sicher ändern, wenn auch vermutlich langsam – hoffentlich aber nicht erst in ein bis zwei Generationen.

Fazit Gerade über die vielfältigen, nicht rein fachchemischen Aspekte müsste viel öfter nachgedacht und berichtet werden. Wir sollten dabei unsere eigene Begeisterung (und sicher auch Kritik) an den vielen Facetten des Fachgebiets Chemie und unsere diesbezüglichen persönlichen Erlebnisse, Erfahrungen und Eigenheiten nicht nur singulär, sondern auf vielfältige Weise medial weitergeben – wobei ich z. B. vom Twittern abraten würde, viele Beispiele sind einfach zu abschreckend.

Damit man uns sieht wie wir wirklich sind, wird auch für Chemiker*innen als authentische, möglichst auch junge Zeitzeugen in wohlverstandenem Sinne gelten müssen:

„Wir sollten selbst in die Hand nehmen, wie die Gesellschaft über uns denkt". [1]

Überlassen wir das nicht den häufig anonymen, Influencer-gesteuerten Teilbereichen der ‚Social Media‘, den sich im besten Fall zwar bemühenden, oftmals aber fachlich nicht genügend versierten Journalisten und schon gar nicht der Eigenwerbung von firmeneigenen, kommerziellen PR-Abteilungen oder aber verschiedenen Ecken der Politik, wo man häufiger nur denjenigen Berichten traut, die man eigenhändig ‚gefaket‘ hat.

Literatur

1. Philipp Spitzer, *Unromantische Nerds*, Nachrichten aus der Chemie (2020), 68, S. 8–10.
2. Wolfgang Martin-Beyer, *Ein wenig beachteter Aspekt der Chemiedidaktik: Die Person des Didaktikers*, Chemkon, (2003) 10, S. 29–32. URL: https://onlinelibrary.wiley.com/doi/pdf/10.1002/ckon.200390002
3. Jan Voosen, *Schwieriges Umfeld: Zustimmung zur Chemie sinkt*, Verband der Chemischen Industrie (2019). URL: https://www.vci.de/die-branche/leistungen-der-branche/schwieriges-umfeld-zustimmung-zur-chemie-sinkt-image-umfrage-2018.jsp
4. Maren Buhlmann (MB), *Bilanzen – Von Diagnostika bis Wellpappe*, Nachrichten aus der Chemie (2020), 68, S. 41.
5. Günter Lattermann, *Bemerkungen zum Film „Plastics Planet"*, e-plastory 2010, No 1. URL: http://www.e-plastory.com/index.php/e-plastory/article/view/e-plastory_2010_Nr.1
6. Dirk Hoffmeister, *Kein Hokuspokus – Inhaltsstoffe der Zauberpilze*, Nachrichten aus der Chemie (2020), 68, S. 61–63.
7. Bahar Haghanipour, *Mentoring als gendergerechte Personalentwicklunng*, Springer VS, Wiesbaden 2013,

S. 15–53.   URL: https://link.springer.com/chap ter/10.1007/978-3-658-03481-8_2

8. *Zu wenige Frauen in Führungspositionen*, Nachrichten aus der Chemie (2020), 68, S. 7.

9. AKCC Arbeitskreis Chancengleichheit in der Chemie, *Chemikerinnen – es gab und es gibt sie*, GdCh 2003, S. 6. URL: https://www.gdch.de/fileadmin/downloads/Netzwerk_ und_Strukturen/Fachgruppen/AKCC/chemikerinnen_akcc. pdf

10. GdCh, *Statistik der Chemiestudiengänge 2017*, Tab. 13, S. 31. URL: https://www.gdch.de/fileadmin/downloads/ Ausbildung_und_Karriere/Karriere/Statistik/2017_ Statistik_web.pdf

Geschichte

Für viele, besonders auch Techniker und Naturwissen-schaftler ist Geschichte das „Alte Gelump von gestern, dass keinen mehr interessiert". Eigens für diesen Personen-kreis einmal verständlich ausgesprochen: Geschichte kann man sich im einfachsten Fall als Diagramm vorstellen, in dem auf der Ordinate einer der vielen Faktoren und auf der Abszisse die Zeit aufgetragen ist. Die sich ergebende Kurve zeigt die Entwicklung auf, deren abgeleitete (empirische oder gar mathematische) Gesetzmäßigkeit das Zustandekommen des Istzustandes beschreibt und im günstigen Fall eine Extrapolation in die Zukunft erlaubt. Um ein solches Diagramm aufzustellen, muss man aber einen früheren Zustand in seiner Wertigkeit erforscht und interpretiert haben. Dies alles und nichts anderes macht die Geschichtswissenschaft, nur etwas komplizierter.

© Der/die Herausgeber bzw. der/die Autor(en), exklusiv lizenziert durch Springer-Verlag GmbH, DE, ein Teil von Springer Nature 2020
G. Lattermann, *Chemiepark*,
https://doi.org/10.1007/978-3-662-62174-5_13

Es soll zwar auch Mathematiker geben, die sich an einer ‚schönen' Formel berauschen können, jedenfalls wird aber Geschichte immer auch affektiv wahrgenommen, sie kann zu jeder Zeit tiefe Emotionen erregen und transportieren. Das zeigt zum Beispiel der 2003 gedrehte Spielfilm „Das Wunder von Bern" über die Fußball-Weltmeisterschaft 1954 oder die Bildszene auf dem Balkon der Prager Botschaft 1989, als Friedrich Genscher die Ausreise der Flüchtlinge ankündigte. Auch heute noch dringt dies bis ins Mark und wird es vermutlich auch weiterhin tun.

Etwas dieser positiven Wirkungskraft von Geschichte kann auch auf Kunststoffe durch die Betrachtung historischer polymerer Materialien (Hipoms) übertragen werden. Plastik hätte das gegenüber dem breiten Publikum ausgesprochen nötig und verdient.

Kein Wachstum ohne Wurzeln

Wie bereits gesagt, eine sachliche, fundierte Information und Aufklärung eines breiten Publikums über Chemie im Allgemeinen und Kunststoffe/Plastik im Besonderen ist gegenwärtig notwendiger als früher. Allerdings reicht rationales Argumentieren alleine keineswegs aus.

Einen bedeutenden Beitrag auf wohlverstandener emotionaler Ebene kann die weithin unterschätzte, weil oftmals unbekannte Geschichte polymerer Materialien liefern. Dies soll im Folgenden entwickelt und dargelegt werden.

Geschichtskenntnis

Dabei taucht zunächst regelmäßig die Frage auf, ob es überhaupt wichtig sei, an vergangene Ereignisse zu erinnern. Sie sind ja *„aus und vorbei"*, *„Schnee von gestern"* und vielfach ist man der Meinung *„Geschichte wiederholt sich nicht"*, und *„Wir müssen doch alle unsere Energie und Arbeit dynamisch und mutig für das Meistern der Zukunft aufwenden"*!

So wie in unserem Universum Raum und Zeit niemals voneinander getrennt werden können, so sind auch Geschichte, Gegenwart und Zukunft räumlich und zeitlich immer miteinander verbunden. Wir haben es mit sich entwickelnden Prozessen zu tun, die über verschiedene Zeiten hinweg vielfältig miteinander vernetzt sind, sich gegenseitig bedingen, rückgekoppelt sind.

Die eigentlich selbstverständliche Feststellung *„Kein Wachstum ohne Wurzeln"* [1] besagt, dass alles Neue immer auch auf vorher Erworbenem aufbaut, dass die Regeln, nach denen Neuerungen verwirklicht werden, auf früheren, also ‚geschichtlichen' Erkenntnissen beruhen. Die Zukunft hängt somit ganz entscheidend von ihren Grundlagen, d. h. von der Vergangenheit ab.

In diesem Sinne hilft die Beschäftigung mit Historie entschieden, deren Wege, Entwicklungen, Gesetzmäßigkeiten und Errungenschaften zu erkennen und zu erläutern.

Es ist einfach zu gefährlich und letztendlich zu teuer, die Gegenwart und Zukunft meistern zu wollen, ohne die Gesetzmäßigkeiten des Geschehenen in der Vergangenheit zu kennen, zu beachten, Lehren daraus zu ziehen und begangene Fehler nicht zu wiederholen! Das sieht man nicht nur in verschiedenen Bereichen der Chemie-, Automobil- oder Luftfahrtindustrie (Umweltskandale, Dieselskandale, Softwareskandale) und in der Politik, sondern eigentlich überall. Man nennt das *„Aus Erfahrung wird man klug"* (wenn man's halt nicht schon vorher war) oder *„Aus einer Krise besser herauskommen als hinein"* oder in – Zeiten der Coronakrise eigentlich am besten – erfahrungsbedingtes, bewusstes *„Vorbeugen ist besser als Heilen"*.

Geschichtsinteresse

Laut einer Allensbacher Markt- und Werbeträgeranalyse (AWA) des Instituts für Demoskopie Allensbach, die auf breiter statistischer Basis, Einstellungen Konsumgewohnheiten und Mediennutzung der Bevölkerung befragt, waren im Jahre 2019 59 % der deutschsprachigen Bevölkerung ab 14 Jahren besonders oder mäßig interessiert an Geschichte oder Historischem. [2] Schülern bekundeten 2017 ihr Interesse an Geschichte zu 56 % als sehr groß bis eher groß.[1]

Emotion

Geschichte und Emotion

Die Beschäftigung mit historischen Vorgängen (*„historische Lernprozesse"*) umfasst immer Emotionen, die als fühlbare Verbindungen zu historischen Abläufen und Geschehnissen wirken. [3]

Alle Auseinandersetzungen mit Geschichte wie Besuch von historischen Orten, Museen Gedenkstätten oder Denkmalen) das Anschauen von historischen Dokumentationen im Fernsehen oder Internet, aber auch die Arbeit mit vermeintlich ‚trockenen' Geschichtsbüchern, die Auseinandersetzung mit der überlieferten Geschichte vergangener Menschen und Zeiten, die maßgeblich von Liebe, Hass, Wut, Trauer, Vertrauen oder Zuneigung bestimmt werden, führen zu der Einsicht, dass Gefühle ein substanzieller Teil von Geschichtskultur sind. [4]

In Neurodidaktik und Kulturwissenschaften sieht man zudem keine scharfe Trennung von rationaler Erfassung

---

[1]URL: https://de.statista.com/statistik/daten/studie/764193/umfrage/umfrage-unter-schuelern-in-deutschland-zum-interesse-an-geschichte

(Kognition) und Emotion. Denken und Fühlen werden als miteinander verknüpfte Aspekte menschlicher Erfahrung bewertet. Emotionen sind immer an rationalen Prozessen beteiligt, da beide Dimensionen ineinander verschränkt ablaufen, sich gegenseitig voraussetzen und auch bedingen können. [3]

Zugegeben, das mag zunächst ein harter Brocken für vorwiegend wissenschaftlich oder ökonomisch denkende, also rational gesteuerte ‚Hardcore-Einweg-Spezialisten' sein, aber ‚da sollte man dann auch über den eigen Schatten springen können' (siehe auch die Abschnitte über ‚Vielbegabte, Multitalente, Scanner', ‚Spezialisten' und ‚Zwei Kulturen').

Emotion und Wirkungskraft

In der Werbung ist – über die rationale Information hinaus – die wohlverstandene emotionale Ansprache der wichtigste Faktor für den Erfolg. Durch emotionale Adressierung kann ein Zugang geöffnet werden, der – wie wir aus der Werbewirkungsforschung [5–7] (z. B. Automobilwerbung) oder natürlich auch dem Sport wissen – höchst wirkmächtig sein kann.

In der Führungsforschung gilt die *„transformationale ‚Führung' [...] als das mächtigste und idealste Führungsverhalten..."* Dahinter verbirgt sich generell die Fähigkeit, notwendige Veränderungen anzustoßen, einzuschlagen und beizubehalten. Hierzu sind nicht nur ruhige Ratio (*„In der Ruhe liegt die Kraft"*),[2] sondern auch emotionale Antriebskräfte notwendig, wie eigene innere Leidenschaft und dadurch die Fähigkeit andere emotional zu konditionieren, zu begeistern, zu motivieren. [8, 9]

---

[2]Jesaja 30,15: *„In Umkehr und Ruhe liegt eure Rettung, Stille und Vertrauen verleihen euch Kraft."* (Manchmal auch Konfuzius zugeschrieben).

Es besteht allerdings immer die Gefahr des Missbrauchs. Im Bereich der Intellekts zeigt sich dies beim Einsatz für demagogische, kriminelle, manipulative, dominant-egoistische Ziele, bei wissenschaftlichem Betrug (in der Wissenschaft bzw. mit wissenschaftlichen Methoden) etc. Hier wie auch im emotionalen Bereich (Gier, Neid, Wut, Hass und deren Auswirkungen wie Rücksichtslosigkeit, Kontrollverlust, Aggression etc.) müssen Grenzüberschreitungen in den negativen Bereich durch gesellschaftlich akzeptierte, ethische und juristische Regeln und Vorgaben eingerahmt bzw. abgegrenzt werden. Diese Aspekte sind nichts Neues, aber gerade wieder einmal besonders aktuell.

Dies darf allerdings nicht dazu führen, die starke Wirkungskraft erwünschter und akzeptierter Emotionen andererseits nicht zu beachten oder nicht zu nutzen.

Kunststoffe und Geschichte

Kunststoff-Image

Zumindest was die Kunststoffe betrifft, spielt sicher nicht nur das Image ‚der Chemie‘, die Wissensvermittlung von Chemie, der ‚typische Chemiker‘, sondern gegenwärtig auch die Schattenseite von Kunststoffen, umgangssprachlich „*Plastik*" genannt und ihr in der Verallgemeinerung unrechtmäßig schlechtes Image eine große Rolle. [10] Dieses ist heute größtenteils durch eine ganz bestimmte Art von Kunststoffmaterial verursacht, nämlich dem unkontrolliert weggeworfenen Plastik***verpackungs***müll fester und flüssiger Güter, d. h. Plastikfolien und -flaschen. [11, 12] Wer will ansonsten wirklich ohne Kunststoffe auskommen: ohne Handy, Laptop, Sportfunktionskleidung, Race-, Slalom oder Supercross-Carvern, Tourenskis, Skateboards, Surfbretter, Klebstoffe, Lacke, moderne Werkstoffe in energieeffizienteren und nachhaltigeren Autos und Flugzeugen, lichthärtende Zahnfüllungen statt Amalgam, sterile Einwegspritzen, Bluttransfusionsbeutel oder in Pandemie-Zeiten ohne Schutzkleidung und Gesichtsmasken etc.?

Am Plastik*verpackungs*müll-Dilemma, das die Chemie-Diskussion gegenwärtig dominiert, müssen Industrie, Handel, Verbraucher und die öffentlichen Hände dringend, effektiv und im globalen Rahmen Verbesserungen und Lösungen finden.

Vordergründig könnten wir uns auch angewöhnen, statt von ‚Plastik' oder ‚Kunststoffen' von ‚polymeren Materialien' *(Poms)*, die ja auch die neuen Biomaterialien umfassen würden, zu sprechen. Aber erst wenn alle Aspekte der globalen Plastik*verpackungs*müll-Katastrophe gelindert oder verhindert sind, wird auch das Image-Problem von ‚Kunststoff'/‚Plastik' wieder kleiner und erträglich werden.

Für ‚die Chemie' war das der Fall nach Verklappungsverboten für Schwefelsäure *(„Dünnsäure")* bei der Verschmutzung der Nordsee,[3] nach Einbau von Kläranlagen und nach Renaturierungsmaßnahmen [13]) infolge Vermüllung der Flüsse *(„Kloake Emscher"* [14], *„Es gibt wieder Lachse in unseren Gewässern"*, nach Umstellung bzw. Einbau von Filteranlagen wegen der unerträglichen Luftverschmutzung (*„Blauer Himmel über der Ruhr"* [15] *„Saurer Regen"* [16] *„Waldsterben"* [17]), dem Cadmium-Verbot in Kunststoffen, [18] der Erholung der Ozonschicht nach dem Verbot von FCKWs (*„Ozonkiller"*[4] *„Erholung für*

---

[3]*Dünnsäure,* Chemie.de. URL: https://www.chemie.de/lexikon/ D%C3%BCnns%C3%A4ure.html

[4]*Fluorkohlenwasserstoffe,* Chemie.de. URL: https://www.chemie.de/lexikon/ Fluorchlorkohlenwasserstoffe.html

den Planeten" [19]) und dem Verbot von Phthalat-Weich-machern. [20] Das wird auch im Bereich des Klima-schutzes so sein nach der drastischen Reduktion der CO_2-Emissionen.

Viele der Anekdoten in Teil 1 dienten zum Teil auch der Sichtbarmachung dieser mühsamen, aber notwendigen Entwicklungslinie.

Historische polymere Materialien

Die Betrachtung ‚Historischer Polymerer Materialien' *(Hipoms)* hilft darüber hinaus, sich bewusst zu werden, in welchem kultur- und technikgeschichtlichen Kontinuum auch Kunststoffe angesiedelt sind. Schon 1911 wurden in der ersten Ausgabe der Zeitschrift ‚Kunststoffe', diese als *„Kunstseide, und andere Kunstfasern, vulkanisierter Kautschuk, Guttapercha, Zellhorn (Zelluloid), künstliches Leder, Linoleum, Kunstharze und Kasein-Erzeugnissen"* bezeichnet. [21] Und 1959 stellte Franz Patat,[5] einer der Protagonisten der frühen Kunststofftechnik fest, dass die Bezeichnung ‚Kunststoffe' unglücklich sei, da sie weder künstliche Ersatzstoffe wie ‚Kunsthonig' seien, noch irgendetwas mit ‚Kunst' zu tun hätten. Tatsächlich sei

„die Bezeichnung ‚künstlich' im Gegensatz zu natürlich höchst willkürlich, da die Verbindung von natürlichen Materialien wie Baumwolle, Holz, Kasein usw. mit Kunststoffen, aufgrund der im Prinzip ähnlichen Struktur und Organisation der Grund sei, warum Kunststoffe als modifizierte natürliche Materialien begannen und dass sie heute als 100 %ige Kinder der chemischen Retorte, leibhaftige Vorfahren wie Leder, Kautschuk und Linoleum besäßen". [22]

---

[5]Prof. Dr. Dr.h.c. Franz Patat (1906–1982), Prof. Technische Chemie, Technische Hochschule Hannover: 1952–1956, Prof. Institut für Chemische Technologie, TU München: 1956 1970.

Diese Aufzählung lässt sich beliebig fortsetzen durch biopolymere Formassen, Lacke, Kleber und Fasern, durch Bernstein, Kopal, Birkenpech, Bitumen, Eiklar, Blutprotein, Gluten (Gelatine), Celluloseabkömmlinge Schellack, Asia-Lack und Seide etc…

Dies alles zeigt, dass heutige synthetische Kunststoffe/Plastik und moderne Biopolymeren nur ein kleiner Ausschnitt polymerer Werkstoffe sind und hinsichtlich Eigenschaften, Verhalten, Verarbeitung und Gebrauch in einer überaus langen, material-, technik- und kulturgeschichtlich hoch bedeutsamen Ahnenreihe natürlicher polymerer Materialien (*Poms*) stehen.

Diese für viele überraschende Bedeutung und Wertigkeit herauszuarbeiten und publik zu machen, ist unter anderem die Aufgabe der Beschäftigung mit historischen polymeren Materialien *(Hipoms)*. Polymere Materialien sind zu jeder Zeit eben nicht lediglich ‚Ersatzmaterialien‘, ‚billiges Plastik‘, ‚giftig‘, ‚die Meere vermüllend‘ und wie die – teilweise berechtigten – Urteile alle lauten, sondern gleichzeitig eine alte Materialklasse voll technischer Innovationen, aber auch – nicht zu vergessen – künstlerisch-kreativer Möglichkeiten – nicht anders als dies auch für Keramik, Glas und Metalle schon immer gilt. Mit allen diesen Stoffklassen muss allerdings hinsichtlich ihrer Vor- und Nachteile jeweils sehr sorgfältig, bewusst, umweltgerecht und nachhaltig umgegangen werden.

Literatur

1. Günter Lattermann, Faltblatt Deutsche Gesellschaft für Kunststoffgeschichte e. V. dgkg, 2005.
2. V. Pawlik, *Interesse der Bevölkerung in Deutschland an Geschichte bzw. Historischem von 2015-2019*, Statista 2020.

URL: https://de.statista.com/statistik/daten/studie/445221/umfrage/umfrage-in-deutschland-zum-interesse-an-geschichte

3. Alina Bothe, Rolf Sperlin, *Trauma und Emotion im virtuellen Raum. Historisches Lernen über die Shoah mit virtuellen Zeugnissen*, in Juliane Brauer, Martin Lücke (Hrsg.), Emotionen, Geschichte und historisches Lernen, V&R unipress, Göttingen 2013, S. 201–222.

4. Juliane Brauer, Martin Lücke, *Emotionen, Geschichte und historisches Lernen, Einführende Überlegungen*, ebenda, S. 11–26.

5. Klaus Moser, *Werbewirkungsmodelle*, in Klaus Moser (Hrsg.) „Wirtschaftspsychologie", Springer Verlag, Heidelberg 2007, S. 11–29.

6. Axel Mattenklott, *Emotionale Werbung*, ebenda, S. 85–106.

7. Milosz Splawinski, *Emotionale versus informierende Werbung – Vergleich der Wirkungsweise und Eignung*, GRIN Verlag, Norderstedt 2006.

8. Marco Furtner, *Effektivität der transformationalen Führung*, Springer Gabler, Wiesbaden 2016, S. 1–3.

9. Klaus Rothermund, Andreas Eder, *Allgemeine Psychologie: Motivation und Emotion*, VS Verlag für Sozialwissenschaften, Wiesbaden 2011.

10. Günter Lattermann, *Polymere Materialien – Über das Image von Kunststoffen und einen verantwortlichen Umgang mit Ihnen*, Kunststoffe (2020), 6, S. 28–31.

11. Andreas Fath, *Mikroplastik kompakt. Wissenswertes für alle*, Springer Fachmedien GmbH, Wiesbaden 2019.

12. *Plastikatlas. Daten Fakten über eine Welt voller Kunststoff*, 4. Auflage, Heinrich-Böll-Stiftung, Berlin 2019.

13. Patricia Platt, *Lachs 2020 – auf dem Weg nach Basel*, Badische Neueste Nachrichten, 17. Febr. 2019; URL: https://bnn.de/lokales/karlsruhe/lachs-2020-auf-dem-weg-nach-basel

14. Guido H. Hartmann, *Die Renaturierung der Emscher ist ein Mammutprojekt*, Welt (2017). URL: https://www.welt.de/

regionales/nrw/article163134125/Die-Renaturierung-der-Emscher-ist-ein-Mammutprojekt.html

15. *Umweltbundesamt: Der Himmel über der Ruhr ist wieder blau!* Umweltbundesamt (2011). URL: https://www.umweltbundesamt.de/presse/pressemitteilungen/umweltbundesamt-der-himmel-ueber-der-ruhr-ist

16. *Saurer Regen – Entstehung, Auswirkungen Gegenmaßnahmen*, Didaktik der Chemie, Universität Bayreuth (1918/19). URL: http://daten.didaktikchemie.uni-bayreuth.de/umat/saurer_regen/saurer_regen.htm

17. Birgit Metzger, *Waldsterben*, Historisches Lexikon Bayerns (2012). URL: https://www.historisches-lexikon-bayerns.de/Lexikon/Waldsterben

18. *EU-Verordnung zu Cadmium-Verbot in Kraft*, 29.07.2011. URL: https://www.k-online.de/de/News/EU-Verordnung_zu_Cadmium-Verbot_in_Kraft

19. *Erholung des Planeten: das Ozonloch wird Ende des Jahrhunderts verschwunden sein.* URL: https://www.greenpeace-magazin.de/nachrichten/erholung-fuer-den-planeten-das-ozonloch-wird-ende-des-jahrhunderts-verschwunden-sein

20. *Giftige Weichmacher endlich auf der Verbotsliste*, DNR Deutscher Naturschutzring (2018). URL: https://www.dnr.de/eu-koordination/eu-umweltnews/2018-chemie-nanotechnologie/giftige-weichmacher-endlich-auf-der-verbotsliste

21. Kunststoffe, Zeitschrift für Erzeugung und Verwendung veredelter oder chemisch hergestellter Stoffe (1911), 1.

22. Franz Patat, *Die Welt der Kunststoffe*, Universitas – Zeitschrift für Wissenschaft, Kunst und Literatur, 14 (1959), S. 1187–1194.

Schluss

„Natur ist Chemie" und Chemie sollte nicht gegen die Natur sein.

Die Betrachtung und Verbreitung der Geschichte polymerer Materialien mit den geschilderten Zusammenhängen und ihren rationalen, aber auch emotionalen Aspekten bietet ein Potenzial, das auch hinsichtlich einer dringend notwendigen Änderung der Einstellung zu Kunststoffen sehr wirksam sein kann. Bislang wurde erst vereinzelt begonnen, die vielfältigen Möglichkeiten zu erkennen, aber noch lange nicht, sie zu nutzen, geschweige denn auszuschöpfen. Daher verdienen Aktivitäten auf den Gebieten von Kunststoffgeschichte in allen ihren Aspekten größtmögliche Unterstützung aus allen verschiedenen Richtungen.

Immer noch weit verbreitet bzw. vorherrschend ist – ähnlich wie bei der vermeintlichen Gegensätzlichkeit von

© Der/die Herausgeber bzw. der/die Autor(en), exklusiv lizenziert durch Springer-Verlag GmbH, DE, ein Teil von Springer Nature 2020
G. Lattermann, *Chemiepark*,
https://doi.org/10.1007/978-3-662-62174-5_14

Natur- und Geisteswissenschaften (s. Zwei Kulturen) die Meinung, auch Natur und Chemie seien Widersprüche, Antagonismen. Sie sind es nicht.

Natur ist Chemie, überall: „… *Leben und Lebenswelten, also das ‚Biologische' und ‚Natürliche'* [Soffwechselphysiologie, Mikrobiologie, Genetik usw. haben] *mit Chemie zu tun".* Allerdings: „*Wenn ‚Natur' in den westlichen Industriegesellschaften einseitig als schön, gut und friedlich bewertet und den eher negativ eingeschätzten Produkten von Naturwissenschaft und Technik gegenübergestellt wird, wobei negative und gefährliche Seiten der ‚Natur'* [z. B. der Kampf ums Dasein, größte und kleinere Naturkatastrophen, individuelle und pandemische Krankheiten, tödliche Gifte etc.] *oft ausgeblendet werden, dann dürfte es … äußerst schwierig sein, dieses Bild zu korrigieren".* [1]

Wir dürfen diese Aufgabe (s. auch Chemie-Image und Kunststoff-Image) dennoch keinesfalls scheuen. Es steht wohl zu viel auf dem Spiel.

In diesen Zusammenhängen lässt uns die schnelle, brisante Coronakrise und hoffentlich auch der langsamere, aber ungleich verhängnisvollere Klimawandel mit unterschiedlicher Intensität bewusst werden:

Der Satz aus dem Alten Testament „*Macht euch die Erde untertan"*[1] wurde allzu lange nicht nur falsch übersetzt, ausgelegt und verstanden, sondern weithin oft genug missbraucht. [2] In aufgeklärten Systemen ist Herrschaftsanspruch und Untertänigkeit kein maßgebliches Kriterium mehr. Dies hat sich niedergeschlagen in der Formulierung:[2]

---

[1] 1. Mose 1,28.
[2] Deutsches Grundgesetz, Artikel 1, Absatz 1.

„Die Würde des Menschen ist unantastbar".
Wahrscheinlich wäre es an der Zeit, mindestens gedanklich zu ergänzen:
„Die Würde der Natur ist unantastbar".
Die Menschen können mit der Natur arbeiten, sie auch nutzen, sollten ihr aber immer Respekt zollen, notwendigen Schutz gewähren und sie nicht lediglich als Ressourcenobjekt betrachten!
Denn auch im Anthropozän gilt, wie schon davor:
„Die Natur kommt ohne uns aus",[3] [3] –.
wir aber nicht ohne sie.

Literatur

1. Helmut Kaufmann, *Chemieunterricht und das Problem der antagonistischen Sicht von „Natur" und „Chemie"*, LIT Verlag, Münster etc. 2000, S. 103–104.
2. Erhard S. Gerstenberger, *Macht Euch die Erde untertan (Gen1,28): Vom Sinn und Missbrauch der „Herrschaftsformel"*, Fachbereich Evangelische Theologie und Katholische Theologie und deren Didaktik (1994, 2012), S. 235–250. URL: http://geb.uni-giessen.de/geb/volltexte/2012/8833
3. Ursula I. Meyer, *Der philosophische Blick auf die Natur*, ein-Fach-verlag, Aachen 2011, S. 7.

---

[3]Vgl. auch „Abend in Kaunas", Kaunas IV.

Printed in the United States
By Bookmasters